果薯间作生产

甘薯采苗圃

空中甘薯

菜用甘薯

甘薯起垄机田间
起垄作业情景

甘薯割蔓机田间
割蔓作业情景

甘薯组培苗生产

甘薯的排种

甘薯露地育苗

甘薯温室育苗

甘薯苗栽插

甘薯生长前期遇干旱

甘薯田生长前期化学除草

甘薯病毒病

甘薯根腐病

甘薯黑斑病

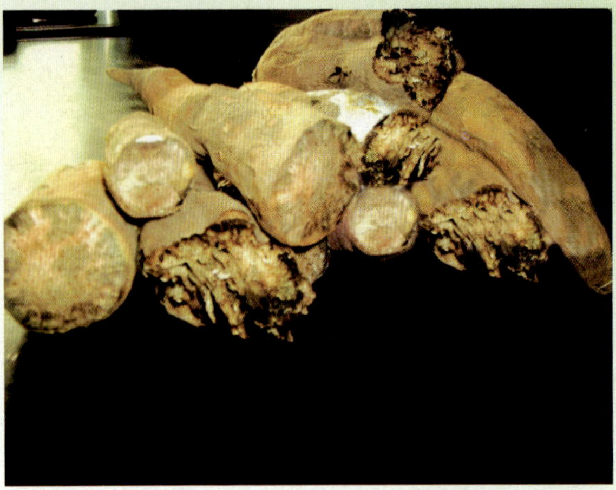

甘薯茎线虫病

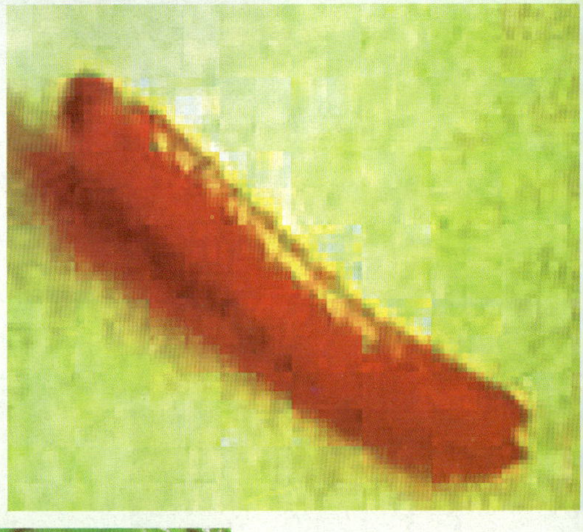

甘薯金针虫

天蛾幼虫为害甘薯苗情景

甘薯卷叶蛾幼虫

金龟子与蛴螬

蝼 蛄

地老虎

民房贮藏甘薯

屋窖贮藏甘薯

贮藏期薯块发芽

徐薯 18

农业实用技术培训丛书

甘薯生产关键技术100题

主　编
闫加启　陈宗光
编著者
闫加启　陈宗光　严文胜
董兴涛　芦金生
顾　问
毛志善

金盾出版社

内 容 提 要

本书主要内容包括甘薯概况，甘薯生长发育的条件与要求，甘薯育苗、移栽、肥水管理和病虫草害的防治技术，甘薯的收获与贮藏，甘薯间套作和保护地栽培技术，甘薯引种与保存以及脱毒薯苗的生产与繁育。并在附录中介绍了15种甘薯优良品种。本书以问答的形式，详细的解答了甘薯栽培中出现的诸多问题，具有很强的实践性和指导性。可作为农村技术培训教材使用，也可作为薯农自学及农业院校相关专业师生阅读参考用书。

图书在版编目(CIP)数据

甘薯生产关键技术100题/闫加启，陈宗光主编．—北京：金盾出版社，2007.10
(农业实用技术培训丛书)
ISBN 978-7-5082-4680-2

Ⅰ.甘… Ⅱ.①闫…②陈… Ⅲ.甘薯-栽培-问答
Ⅳ.S531

中国版本图书馆CIP数据核字(2007)第150212号

金盾出版社出版、总发行
北京太平路5号(地铁万寿路站往南)
邮政编码：100036 电话：68214039 83219215
传真：68276683 网址：www.jdcbs.cn
彩色印刷：北京精彩雅恒印刷有限公司
黑白印刷：北京蓝迪彩色印务有限公司
装订：北京蓝迪彩色印务有限公司
各地新华书店经销

开本：787×1092 1/32 印张：4.25 彩页：8 字数：84千字
2009年2月第1版第3次印刷
印数：21001—32000册 定价：6.00元

前　言

甘薯具有耐旱、耐瘠、抗灾能力强等特性，在其他作物难以生长的地方，甘薯却能获得好的收成。种植甘薯具有省时、省力、省工、节水且产量高、增产潜力大、转化率高的优势。甘薯既可作为保健食品和饲料，也是理想的淀粉资源和能源作物。随着国民经济的增长及农业结构的调整和优化，甘薯产业的发展越来越受到重视。甘薯种植面积的逐步扩大，甘薯生产技术的不断改进，高产优质新品种的大量涌现以及贮藏加工技术的稳步提高使甘薯生产的经济效益明显增加。

甘薯营养丰富、养分平衡，营养价值不低于米、面，近年来在日本和欧美等发达国家更是把甘薯视为营养全面而平衡的保健食品，掀起一股“食用甘薯热”。随着我国人民生活水平的提高，人们也逐渐改变着视甘薯为粗粮的看法。甘薯已成为工业中的能源作物和生活中调节口味、丰富菜篮子的保健食品。

本书从甘薯栽培的意义、甘薯育苗、大田生产和收获贮藏等各个关键环节，采用问答形式重点介绍了甘薯生产方面经常遇到的问题及行之有效的解决办法。通过脱毒薯苗的繁育和种植可从根本上解决甘薯病毒病防治难题，从而能够较大幅度地提高甘薯的产量与品质。

本书还介绍了不同食用类型的甘薯优良品种，这些品种在一个或几个性状方面表现突出，值得在适宜种植区内推广。

本书内容深入浅出，通俗易懂；技术简明，可操作性强；农民能看得懂，学得会，用得上，易操作，见成效。适合专业化、规模化甘薯生产单位、生产专业户及种植甘薯的农户学习使用,并可作为甘薯专业教学的参考资料。

本书在编写过程中吸收了一些专家的研究成果,参考了许多文献资料,在此一并表示感谢。

编 著 者

闫加启

目　录

一、甘薯概况 …………………………………………………… (1)
1. 甘薯的营养价值有哪些？ ……………………………… (1)
2. 甘薯的主要用途有哪些？ ……………………………… (2)
3. 甘薯从食用和加工上可分为几种类型？ ………… (3)
二、甘薯生长发育条件与要求 ………………………………… (4)
4. 温度对甘薯生长发育有什么影响？ ……………… (4)
5. 土壤对甘薯生长发育有什么影响？ ……………… (4)
6. 水分对甘薯生长发育有什么影响？ ……………… (5)
7. 光照对甘薯生长发育有什么影响？ ……………… (5)
8. 氮素对甘薯生长发育的作用是什么？ …………… (5)
9. 磷素对甘薯生长发育的作用是什么？ …………… (6)
10. 钾素对甘薯生长发育的作用是什么？ ………… (6)
三、甘薯育苗 …………………………………………………… (7)
11. 甘薯萌芽的特点有哪些？ …………………………… (7)
12. 环境条件对甘薯萌芽有什么影响？ …………… (8)
13. 怎样做好甘薯育苗前的准备？如何计算育苗适期？ ………………………………………………… (10)
14. 甘薯育苗排种的方法有哪些？怎样确定育苗时的排种密度？ ……………………………………… (11)
15. 薯苗的壮苗标准是什么？适合高产栽培的薯苗有什么特征？ ……………………………………… (12)
16. 如何进行苗床管理？ ………………………………… (12)

17. 育苗期怎样进行炼苗？ …………………… (14)
18. 育苗期经常发生的病害有几种？怎样防治？
…………………………………………… (14)
19. 甘薯苗期烂床原因是什么？怎样防治？ ……… (15)
20. 甘薯育苗期间常见的问题有哪些？如何解决？
…………………………………………… (16)
21. 甘薯育苗方式主要有哪几种？ ………………… (18)
22. 如何用火炕进行甘薯育苗？如何正确测量火炕育苗床的温度？ ………………………………… (18)
23. 酿热物温床覆盖薄膜育苗的操作要点是什么？如何科学浇水？ ………………………………… (19)
24. 采用薄膜覆盖育苗的优点有哪些？ ………… (21)
25. 冷床双膜覆盖甘薯育苗的技术要点是什么？
…………………………………………… (22)
26. 露地阳畦育苗的技术要点是什么？ ………… (24)
27. 电热温室育苗的技术要点是什么？ ………… (25)
28. 怎样进行甘薯无土育苗？ …………………… (27)
29. 什么是采苗圃？采苗圃有哪几种栽培模式？
…………………………………………… (29)
30. 采苗方法是什么？ ………………………… (30)
四、甘薯移栽 ………………………………………… (31)
31. 甘薯垄作栽培的优点有哪些？有哪几种种植模式？ ……………………………………… (31)
32. 甘薯起垄的质量要求是什么？ ……………… (31)
33. 甘薯栽插的技术要点有哪些？ ……………… (31)
34. 如何确定甘薯的适栽期和种植密度？ ………… (32)
35. 甘薯栽插时为什么要用高剪苗？ …………… (33)

36. 甘薯有哪几种栽插方法？各有什么优缺点？
…………………………………………………… (34)
37. 甘薯在栽插时为什么要埋叶？ …………………… (34)
38. 甘薯在栽插后覆盖地膜有什么好处？ ………… (35)
39. 甘薯栽插时的误区有哪些？ ……………………… (35)
五、甘薯施肥浇水管理……………………………………… (37)
40. 甘薯大田生长分为哪几个阶段？ ………………… (37)
41. 甘薯吸收氮、磷和钾的特点是什么？ ………… (38)
42. 甘薯施肥的原则是什么？ ……………………… (38)
43. 甘薯基肥施用的种类与方法有哪些？为什么提倡使用有机肥做基肥？ …………………………… (39)
44. 甘薯主要缺素症有哪些？各有什么特点？ …… (39)
45. 甘薯生长前期的管理要点是什么？ …………… (40)
46. 甘薯生长中后期的管理要点是什么？ ………… (41)
47. 菜用甘薯的栽培技术要点是什么？ …………… (42)
48. 为什么改翻蔓为提蔓？ ………………………… (44)
49. 甘薯畸形块根是怎样形成的？应如何防治？
…………………………………………………… (44)
50. 薯块裂皮的原因是什么？应如何防治？ ……… (46)
51. 如何施用抗旱保水剂？它对甘薯产量与品质有什么影响？ ……………………………………… (46)
52. 为什么要积极推行甘薯机械化生产？ ………… (47)
六、甘薯病虫草害防治技术……………………………… (48)
53. 甘薯的主要病虫草害有哪些？ ………………… (48)
54. 甘薯冷害发生条件与症状是什么？ …………… (48)
55. 如何识别与防治甘薯黑斑病？ ………………… (49)
56. 如何识别与防治甘薯茎线虫病？ ……………… (50)

57. 如何识别与防治甘薯根腐病？ ………………… (53)
58. 如何识别与防治甘薯病毒病？ ………………… (54)
59. 如何识别与防治甘薯软腐病？ ………………… (56)
60. 如何识别与防治甘薯黑痣病？ ………………… (57)
61. 如何识别与防治甘薯瘟发病？ ………………… (58)
62. 如何识别与防治甘薯蔓割病？ ………………… (59)
63. 如何识别与防治甘薯丛枝病？ ………………… (60)
64. 如何识别与防治甘薯紫纹羽病？ ……………… (61)
65. 如何识别与防治甘薯干腐病？ ………………… (61)
66. 如何识别与防治甘薯根结线虫病？ …………… (62)
67. 如何识别与防治甘薯疮痂病？ ………………… (63)
68. 如何识别与防治斜纹夜蛾？ …………………… (64)
69. 如何识别与防治甘薯天蛾？ …………………… (66)
70. 如何识别与防治甘薯麦蛾？ …………………… (67)
71. 如何识别与防治甘薯潜叶蛾？ ………………… (69)
72. 如何识别与防治甘薯茎螟？ …………………… (70)
73. 如何识别与防治甘薯小象虫？ ………………… (72)
74. 如何识别与防治甘薯长足象？ ………………… (74)
75. 如何识别与防治金针虫？ ……………………… (75)
76. 如何识别与防治蝼蛄？ ………………………… (77)
77. 如何识别与防治地老虎？ ……………………… (79)
78. 如何识别与防治蛴螬？ ………………………… (80)
79. 如何针对薯田杂草种类选择化学除草剂？ …… (82)
80. 甘薯地使用除草剂时应注意哪些问题？ ……… (83)
七、甘薯收获与贮藏 ……………………………… (84)
81. 甘薯的大、中、小薯块是如何划分的？ ……… (84)
82. 如何确定甘薯收获适期？ ……………………… (84)

83. 甘薯收获时应注意哪些问题？ …………………… (85)
84. 人工收获甘薯时应注意哪些问题？ ……………… (85)
85. 甘薯的贮藏特点和注意事项有哪些？ …………… (85)
86. 甘薯贮藏方法有哪些？各有什么特点？ ……… (87)
87. 怎样进行高温愈伤处理？ ………………………… (90)
八、甘薯的间套作……………………………………………… (91)
88. 常见的甘薯间套作的方式有哪几种？ ………… (91)
89. 怎样进行果薯间作？ ……………………………… (91)
90. 怎样进行瓜薯间作？ ……………………………… (93)
九、甘薯保护地栽培技术……………………………………… (95)
91. 甘薯地膜覆盖栽培技术的操作要点是什么？
…………………………………………………………… (95)
92. 用四米中棚栽培甘薯的操作要点是什么？ …… (96)
十、甘薯引种与保存…………………………………………… (98)
93. 甘薯品种的概念是什么？ ………………………… (98)
94. 怎样进行甘薯引种？甘薯引种应注意哪些问题？
…………………………………………………………… (98)
95. 长距离运输薯苗需要采取哪些安全措施？ …… (99)
96. 甘薯品种混杂与退化的原因有哪些？如何进行
品种提纯与保存？ ……………………………… (100)
97. 为什么不要对种薯使用保鲜剂等化学药剂？
………………………………………………………… (101)
十一、脱毒薯苗的生产与繁育 …………………………… (102)
98. 应用脱毒甘薯苗的原理及意义是什么？ … (102)
99. 脱毒薯苗的生产过程有哪些环节？其中的病毒
检测程序是怎样的？ ……………………… (104)
100. 脱毒种薯分为哪几级？ ………………………… (104)

附录　甘薯优良品种介绍……………………………（105）
1. 徐薯 23 ……………………………………………（105）
2. 徐薯 43-14 ………………………………………（106）
3. 徐薯 55-2 …………………………………………（107）
4. 徐薯 18 ……………………………………………（107）
5. 冀薯 98(冀 17-4) ………………………………（108）
6. 济薯 15 号…………………………………………（109）
7. 北京 553 …………………………………………（110）
8. 宁薯 192 …………………………………………（110）
9. 福薯 7-6 …………………………………………（111）
10. 台农 71 …………………………………………（112）
11. 济薯 18 号 ………………………………………（112）
12. 徐紫 1 号…………………………………………（113）
13. 宁紫薯 1 号(宁 P-4) …………………………（114）
14. 苏薯 9 ……………………………………………（115）
15. 豫薯 10 号(红心王) …………………………（116）
主要参考文献…………………………………………（118）

一、甘薯概况

1. 甘薯的营养价值有哪些？

(1)甘薯营养丰富　甘薯富含淀粉、糖类、蛋白质、维生素、纤维素以及各种氨基酸，是非常好的营养食品，与粮食作物相比有其独特的优点。

甘薯淀粉含量高，一般块根中淀粉含量占鲜重的15%～26%，高的可达30%；可溶性糖类占3%左右。每100克鲜薯中含碳水化合物29克，蛋白质2.3克，脂肪0.2克，粗纤维0.5克，无机盐0.9克(其中钙18毫克，磷20毫克，铁0.4毫克)。甘薯的维生素含量丰富，每千克鲜薯含维生素C 300毫克、维生素$B_2$10.4毫克、尼克酸5毫克。维生素B_1和维生素B_2含量为面粉的2倍，维生素E为小麦的9.5倍，纤维素为面粉的10倍，维生素A和维生素C的含量较高，而在大米、面粉中的含量为零。甘薯中各种维生素含量之高是其他粮食作物所不及的，同时，甘薯略呈碱性，而米、面、肉类则为酸性食物，适当食用甘薯可以保持血液中酸碱度平衡。甘薯所含的纤维素可刺激肠壁，加快消化道蠕动并吸收水分，有助于排便，可防治便秘、糖尿病，预防痔疮和大肠癌等疾病。

(2)甘薯茎蔓的嫩尖营养丰富　甘薯茎蔓嫩尖含有丰富的蛋白质、胡萝卜素、维生素B_1、维生素C和钙、磷、铁、铝等，营养丰富、味道鲜美可作蔬菜用，比其他叶菜类蔬菜的营养成分都高。每100克甘薯茎尖含蛋白质2.7克，含钙74毫克，含铁4毫克，含维生素B_2 0.35毫克，均高于菠菜、苋菜及甘蓝等。食用甘薯茎蔓的嫩尖，可起到防癌、抑癌的功效，是一种新型的保健蔬菜，是高档酒店、宾馆上佳的特色菜。对改善食物中维生素来源更有特殊意义。

2. 甘薯的主要用途有哪些？

甘薯的主要用途有以下几点。

(1)食用与加工 甘薯的食用方法很多，按其形式分，可分为主食、副食两种类型。甘薯作为主食，除可直接食用鲜薯或薯干外，也可与大米、玉米面等掺在一起做成煎饼、馒头、面条等；作为副食，可经过加工制成各种食品及食品添加剂。

(2)加工制作成各种工业产品 用甘薯做原料的工业遍及食品、化工、医疗、造纸等十余个工业门类，制成的产品达400多种。以甘薯为原料生产的酒精可作为石油的代用品。

(3)做饲料 甘薯的块根和茎叶中均含有丰富的营养成分，是良好的饲料。鲜薯块中除含有15%～20%的淀粉外，还含有比较丰富的粗蛋白质、糖类及纤维素。薯块、茎叶或工业加工后的副产品，如淀粉、糖渣、酒糟等，通过简单加工可制成各种饲料，既能提高饲料的营养价值，还可延长饲料供应期。

(4)甘薯是我国传统的药用植物 甘薯味甘性平，无毒，有补虚乏、益气力、健脾胃、强肾阴之功效。常吃甘薯可补充人体大量的维生素C，防止人体内产生有害的过氧化物，也可防止或减少老年斑的产生，起到抗衰老的作用。甘薯含有一种特殊功能的黏蛋白，这种黏蛋白能维持人体心血管壁的弹性，阻止动脉硬化发生，使皮下脂肪减少，防止肝肾中结缔组织萎缩，预防胶原病发生，并对呼吸道、消化道、关节腔和浆膜腔有很好的润滑作用。甘薯所含的类似雌性激素的物质，有保护人体皮肤细嫩、延缓衰老的作用。

3. 甘薯从食用和加工上可分为几种类型?

从食用和加工上甘薯可分为八种类型。这种划分法并不十分严格,有些品种具有兼用性,只是在某些性状方面表现更突出。在生产上可根据需求选用适宜的专用品种。

(1)茎尖菜用型品种　菜用的甘薯茎尖一般比较粗、绿色、无异味、粗纤维少、表皮光滑、茸毛少、叶柄较短。叶菜专用型甘薯新品种有福薯 7-6、台农 71、蒲薯 53、尚志 12 等。

(2)蒸煮型品种　薯形一般为纺锤形,薯块较短、两端较钝、皮色鲜艳无条沟、根眼浅。薯肉黄色至红色,肉质甜黏细腻、纤维少。果实应具备无病虫危害、无表皮破损、大小均匀和耐贮性好等特点。品种有济薯 18 号、济薯 19 号、烟薯 18 号、55-7、L87、徐薯 23、徐薯 34 和栗子香等。

(3)烤食型品种　适宜用于烘烤的甘薯品种,如北京 553、济薯 16 号、鲁薯 8 号、徐薯 55-2、徐薯 55-1 等,烤出来的甘薯清香四溢,口感甜、糯、细腻。

(4)淀粉加工型　用以加工成淀粉的品种,如济薯 14 号、济薯 15 号、烟薯 16 号和徐薯 18 等。

(5)薯脯用类型品种　制作薯脯、薯条、薯干等食品,如苏薯 8 号和徐薯 43-14 等。

(6)水果型品种　薯块大小适中、水分多、皮薄、含糖量高,适宜做水果用,如品种 TN69 等。

(7)饲用型品种　茎叶生长旺盛,产量高,具有较高的饲用价值。品种有丰收白和鲁薯 3 号等。

(8)色素型品种　适于提取天然色素做食品添加剂,抗癌物质高于普通甘薯。色素型品种有美国波嘎、日本山川紫和冀紫 1 号等。

二、甘薯生长发育条件与要求

4. 温度对甘薯生长发育有什么影响？

甘薯比水稻、玉米等种子作物对温度要求要高5℃～10℃。气温达到15℃以上时才能开始生长，18℃以上可以正常生长，在18℃～32℃范围内，温度越高发根生长的速度也越快，超过35℃的高温对生长不利。块根形成与肥大所需要的温度是20℃～30℃，其中以22℃～24℃最适宜。低温对甘薯生长危害严重，较长时期在10℃以下时，茎叶会自然枯死，一经霜冻很快死亡。薯块在低于9℃的条件下持续10天以上时，会受冷害发生生理腐烂。

5. 土壤对甘薯生长发育有什么影响？

土壤的土层和土质直接影响着薯块的外形、皮色和薯肉的品质和颜色。实践证明，在表层深厚疏松、排水良好的壤土中生产的薯块，外皮光滑、直条、色泽鲜艳，薯瓤干物质含量高，产量高，食用口感好，加工价值高。

甘薯对土壤的适应性很强，几乎所有土壤它都能生长。耐酸碱性强，在土壤pH值4.2～8.3范围内都能够适应。但要获得高产，以pH值5～7，土层深厚，土质疏松，通气性良好，排水良好的砂壤土或壤土最为适宜。

土层深厚疏松，保水保肥，有利于根系的生长和块根增重。加之通透性好，供氧充足，能促进根系的呼吸作用，有利于根部形成层活动，促进块根肥大，有利于土壤中微生物活动，加快养分分解，供根系吸收。

6. 水分对甘薯生长发育有什么影响？

甘薯枝繁叶茂，遮满地面，根系发达，生长迅速，体内水分蒸腾量很大。不同生长阶段的耗水量也不同。发根缓苗期和分枝结薯期植株尚未长大，需水不多，两个时期各占总耗水量的10%～15%；茎叶盛长期需水量猛增，约占总耗水量的40%；薯块迅速膨大期占35%。具体到各生长期的土壤相对含水量，生长前期和后期以保持在60%～70%为宜。中期是茎叶生长盛期，同时也是薯块膨大期，需水量明显增多，土壤相对含水量以保持在70%～80%为好。若土壤水分过多，会使氧气供应困难，影响块根肥大，薯块里水分增多，干物质含量降低。

7. 光照对甘薯生长发育有什么影响？

甘薯属喜温喜光，不耐阴的作物。它所积累、贮存的营养物质基本上来自光合作用。光照不足会使甘薯叶色变黄，严重时脱落。由于甘薯没有成熟期的界限，光照越足，对提高产量越有利。受光叶片比遮荫叶片的光合强度大6倍多。受光不好的甘薯田块一般减产20%～30%。所以甘薯与高秆作物间作时，要加大薯地的受光面积，高秆作物不宜过多过密。甘薯是短日照作物，每天日照时数降至8～10小时范围内时，能诱导甘薯开花结实。但为促进营养生长，增加无性器官产量，就需要较长时间的光照，以每天13个小时左右较好。

8. 氮素对甘薯生长发育的作用是什么？

氮素是蛋白质、原生质和叶绿素的主要组成部分，是形成器官的重要元素。它能促使茎叶生长,尤其在甘薯的生长前期,施用一定数量的氮素肥料,能够起到促进多分枝、快增殖,使植株早发棵、早拖秧的作用。氮肥供应不足,则茎叶生长缓慢,叶面积小,颜色淡,植株生长不良,最终影响产量。而如果氮肥施用过量或过晚,容易造成茎叶旺长,"贪青",结薯不良。

9. 磷素对甘薯生长发育的作用是什么?

磷是原生质和细胞核的主要成分,能加快养分的合成与运转,加速细胞分裂,提高薯块品质。当叶片磷含量少于0.1%时,就会显示出缺磷症状,茎细,叶的颜色暗绿没有光泽,叶片小,老龄叶片出现黄斑,逐渐变紫脱落。

10. 钾素对甘薯生长发育的作用是什么?

钾能促进根部形成层活动,加速细胞分裂,使块根不断肥大。在生长中后期钾肥起的作用更大,能提高碳水化合物的合成和运转能力。钾的作用在于加快叶片光合产物的运转,调节叶片中光合产物的浓度,随时增强光合能力,使块根持续肥大,提高产量。

叶片中钾含量低于0.5%时,表现出缺钾症。生长前期缺钾,植株的叶片小,节间短,叶面不舒展;生长中后期钾素不足,茎叶生长缓慢,严重时叶片黄化。

三、甘薯育苗

11. 甘薯萌芽的特点有哪些？

薯块具有很强的发芽特性，且没有休眠现象。在贮藏期间薯块内部的生命活动仍在进行，只是由于缺少必要的生长条件（主要是温度），其外部生长停止，这种生长停止的状态属于强迫休眠，当有了萌芽所需要的条件时，就可以萌芽生长。薯块的不定芽是从不定芽原基萌发而来，不定芽原基在薯块膨大过程中就已经分化形成，与皮孔伴生，数量很多，为潜伏状态，因此叫潜伏芽。不同薯块的不定芽原基数量及其萌芽习性差异很大。

(1)不同品种的薯块与发芽出苗的关系 不同品种的薯块，不定芽原基的数量多少、幼芽分化得快慢和营养物质的转化状况均有所不同，因此，其萌芽快慢、发芽多少有很大差别。如徐薯 18、豫薯 7 号等出苗快而多；宁薯 1 号、济薯 10 号出苗慢而少。

(2)薯块不同部位与发芽出苗的关系 薯块顶部具有顶端生长优势的特性。萌芽时，薯块内部的养分多向顶部运转，所以薯块顶部发芽多而快，占发芽总数的 65%左右；中部较慢而少，占 26%左右；尾部最慢最少，占 9%左右。薯块的阳面（向上的一面）比阴面（向下的一面）发芽出苗多，因为阳面接近地面，空气和温度等条件比阴面好，不定芽分化发育多而且发育好。

(3)同一品种薯块大小与发芽出苗的关系 同一品种，薯块大薯苗生长粗壮，薯块小薯苗生长细弱。薯块大小与出苗数量有关，大薯单块出苗数多，小薯单块出苗数少。若按重量计算，同为1千克重，则大薯出苗数少，小薯出苗数多。因此，在生产上应用中等薯块育苗较好，以免用大薯造成浪费，用过小的薯块则育出弱苗。

(4)栽插季节、贮藏条件与发芽出苗的关系 夏薯生长期短，生活力强，耐贮藏，感病轻，出苗早而多。贮藏条件的优劣对种薯质量有很大影响，采用高温愈伤处理贮藏的种薯或在育苗前采用高温催芽的种薯，除具有防病效果外，还能促进薯块不定芽原基的分化，因此出苗快而多。贮藏期温度低，不仅会延缓薯块发芽时间，降低发芽能力，还会因冷害导致种薯腐烂。贮藏期遭水浸泡或受湿害的薯块，发芽晚而少，或萌芽而不发根，随即腐烂。

12. 环境条件对甘薯萌芽有什么影响？

(1)温度 薯块在16℃～35℃的范围内温度越高，发芽出苗就快而多。16℃为薯块萌芽的最低温度，最适宜温度范围为29℃～32℃。薯块长期在35℃以上时，由于薯块的呼吸强度大，消耗养分多，容易发生“糠心”。温度达到40℃以上时，容易发生伤热烂薯。薯块在35℃～38℃的高温条件下，4天时间，能使破伤部分迅速形成愈伤组织，并增加抗病物质（甘薯酮）的形成，提高抗黑斑病的能力。但是，长期在35℃或超过35℃对幼薯生长有抑制作用。所以，在育苗时高温催芽以后，要把苗床温度降至31℃左右。出苗后的温度控制在25℃～28℃为宜。在采苗前5～6天，床温应降至20℃左右进行炼苗。

(2)水分 床土的水分和苗床空气的湿度，与薯块发根、萌芽和长苗的关系很密切。水分的多少还影响苗床的温度和土壤通气性。因此,水分是甘薯育苗的重要条件之一。在薯块萌芽期以保持床土相对湿度和空气相对湿度均在80%左右,薯皮始终保持湿润为宜。在温、湿度正常情况下,薯块先发根后萌芽;如温度适宜,水分不足,则萌芽后发根或不发根;如床土过于干燥,则薯块既不发根也不萌芽。出苗后,床土水分不足,根系难以伸展,幼苗生长慢,叶片小,茎细硬,形成老小苗;水分过多,幼苗生长快,形成弱苗。在幼苗生长期间以床土相对湿度保持在70%~80%为宜。为使薯苗生长健壮,后期炼苗时必须减少水分,把相对湿度降至60%以下,育出的薯苗苗壮,有利于成活。

(3)空气 育苗时薯块发根、萌芽及长苗过程中的一切生命活动,都需要通过呼吸作用获得能量。氧气不足,呼吸作用受到阻碍,甚至严重缺氧被迫进行无氧呼吸而产生酒精。由于酒精积累会引起自身中毒,导致薯块腐烂,因此在育苗过程中,必须注意通风换气,使氧气供应充足,才能保证薯苗正常生长,达到苗壮、苗多的目的。

(4)光照 在薯块萌芽阶段,光照对发根、萌芽没有直接影响,但光照弱会影响苗床温度。强光能使苗床增温快,温度高,可促进发根和萌芽。出苗后光照强度对薯苗生长速度和质量有明显影响。光照不足,光合作用减弱,薯苗叶色黄绿,组织嫩弱,发生徒长,栽后不易成活。因此,在育苗过程中要充分利用光照,以提高床温,促进光合作用,使薯苗健壮生长。

(5)养分 养分是薯块萌芽和薯苗生长的物质基础。育苗前期所需的养分,主要由薯块本身供给,随着幼苗生长,逐渐转为靠根系吸收床土中的养分。采苗两三茬后,薯块里的养分逐渐减少,靠根系吸收的养分则相应增多。薯苗生长需要较多的氮素肥料，氮肥不足则薯苗生长缓慢，叶片小，叶色淡黄，植株矮小瘦弱，根系发育不良。因此，在育苗时应使用肥沃的床土并施足有机肥，育苗中、后期适量追施速效性氮肥，以补充养分的不足。

13. 怎样做好甘薯育苗前的准备？如何计算育苗适期？

(1)甘薯育苗前的准备 确定育苗计划，备好种薯和各种所需材料，选好床址。种薯量根据所需薯苗量、育苗方法及品种特性确定。苗床选择背风向阳处，床土要用无病无毒新土，并配合苗床消毒。选种薯并进行消毒处理。选种是防止烂床、保证薯苗数量的有效措施。选择具有原品种皮色、肉色、形状等特征明显的纯种，要求皮色鲜艳光滑，薯块大小适中、无病无伤、未受冻害、涝害和机械损伤，生命力强健的薯块。受冷害的薯块头尾干枯，薯皮破伤处凹陷，薯肉灰暗，有水湿现象，薯肉有黑点。薯肉鲜亮有白浆的表示正常，凡薯块发软、薯皮凹陷、有病斑、不鲜艳，带有病态的不能作种薯。要求薯块大小均匀，单块重 150～250 克为宜。种薯必须做到三选，即出窖时选，消毒浸种时选，上床排种时选，尽量剔除病、伤和不合标准的薯块。

(2)计算育苗适期 育成薯苗的时间要与大田栽插时间相衔接，过早过晚都不好。用火炕或温床育苗的地方，一般掌握在当地栽插适期 25～30 天前排种。长江流域春季较温暖，温床育苗在 3 月上旬排种，露地育苗一般在 4 月初开始。南方夏秋薯区和秋冬薯区，用薯块育苗的排种期在 2 月中旬。

14. 甘薯育苗排种的方法有哪些？怎样确定育苗时的排种密度？

(1)甘薯育苗排种的方法 薯块的萌芽数，以顶部最多，中部次之，尾部最少。排种时要注意分清头尾，切忌倒排。一般顶(头)部皮色较深，浆汁多，细根少。尾部皮色浅，细根多，细根基部伸展的方向朝下。区别薯块头部和尾部的具体方法，除不同品种的薯形不同，可以区别以外，还可从以下几点来鉴别：一看薯块上的细根生长方向，细根朝下长的一端是尾，另一端是头 。二看薯块皮色肉色，一般是头部色深，尾部色浅。三看萌芽情况，头部有萌芽现象。薯块大小差别较大，排种时最好大小分开；为了保证出苗整齐，应当掌握上齐下不齐的排种方法。大块的入土深些，小块的浅些，使薯块上面都处在一个水平面上，这样出苗整齐。种薯排放有斜排、平放和直排三种。用火炕或温床育苗，为节约苗床面积，大都采用斜排方式。斜排以头压尾，后排薯顶部压前一排种薯的1/3，不影响薯块的出苗量，也充分利用了苗床面积。如果压得过多，会加大排种数量，出苗数虽然增加，却使薯苗拥挤，生长细弱不良，降低成活率。平放种薯一般多用在露地育苗，排种时头尾先后相接，左右留些空隙，能使薯苗生长苗壮，出苗也均匀一致。直排种薯虽能经济利用苗床，但种薯排放过密，薯苗纤细，栽后成活率不高，不应提倡。

对出苗慢或出苗数量较少的品种，如52-7、北京553等用赤霉素浸种，以加快出苗速度和增加出苗数量。赤霉素的浓度不能过大，否则会抑制发芽。用赤霉素比不用的出苗量增加20%，提前出苗2～3天。

(2)育苗排种的密度 排种密度不能过大，从培育壮苗出发，每平方米排种量以 20～25 千克为宜。种薯的大小以 150～250 克比较合适。种薯过大，苗质虽好但出苗数少，增加用种量和苗床面积。

15. 薯苗的壮苗标准是什么？适合高产栽培的薯苗有什么特征？

(1)壮苗标准 壮苗标准应以甘薯栽插成活率和缓苗速度的表现确定，不能简单从甘薯某些量的指标确定壮苗的标准。壮苗是指能够在栽插后短时间内萌发不定根，并很快缓苗以建立起高产群体结构的秧苗群体。秧苗个体表现出株高、茎粗、叶龄、干鲜重和栽插适宜性上质量高和差异小的特性；叶片肥厚、色深；生长顶端粗大，节间短、茎粗壮、无病症。茎基部发出的根系粗大而白嫩，苗长 20～25 厘米。早期春薯百株重 0.5 千克以上，后期应到 0.6 千克以上。整株苗不脆嫩也不老化。苗茎上没有气生根，没有病斑，苗株健壮结实、乳汁多。

(2)适合高产栽培的薯苗特征 要求薯苗粗壮，节间不太长，有顶尖，无病毒病症状的壮苗。壮苗与弱苗的产量可相差 20%～30%。具有 6 个展开叶即可，超过 8 片叶及少于 5 片叶的薯苗略有减产，尽量不要使用中段苗。薯苗太长所带有的叶片较多，蒸腾面积大，缓苗迟；而苗太小需要较长时间才能达到正常苗的长度，会导致甘薯的产量低。薯苗栽插前要进行药剂处理，并分级栽插。

16. 如何进行苗床管理？

(1)苗床管理的基本原则 苗床管理的基本原则是以催为主，以炼为辅，先催后炼，催炼结合。

(2)苗床的温度管理 育苗期的控温分为三个阶段：前期高温催芽、中期平温长苗和后期低温炼苗。

①**前期高温催芽** 从排种到薯芽出土，以催为主。要求适当提高床温，有充足的水分和空气，促使种薯萌芽。种薯排放前，床温应提高到30℃左右。

排种后使床温上升到35℃，保持3～4天，然后降到32℃～35℃范围内，最低不要低于28℃，起到催芽防病作用。

②**中期平温长苗** 从薯苗出齐到采苗前3～4天，温度适当降低，仍然主攻苗数和生长速度，但不要让苗生长过快。注意适当控温，避免温度过高。前阶段的温度不低于30℃，以后逐渐降低到25℃左右。掌握催苗和炼苗相结合的原则。

③**后期低温炼苗** 大田栽苗前3～4天，把床温降低到接近露地大气温度，温床停止加温，昼夜揭开薄膜和其他防寒保温设施，以提高薯苗适应自然的能力，使薯苗老健。在露地育苗和采苗圃育苗时，只要搞好肥、水管理，不使生长过旺就能育成壮苗。

(3)育苗期的追肥 育苗应当每剪(采)一次苗结合浇水追一次肥。露地育苗和采苗圃应分次追肥。肥料种类以氮肥为主，如饼肥、尿素或人、畜粪尿等。追施化肥要选择苗叶上没有露水的时候，以免化肥粘叶，"烧"到薯苗。叶片上有残留化肥，要及时抖落或扫净。如果追施尿素，每10平方米一般不超过250克。追肥后立即浇水，以发挥肥效。

(4)育苗期的通风晾晒 通风晾晒是培育壮苗的重要措施。在幼苗全部出齐，新叶开始展出以后，选晴暖天气的上午10时至下午3时适当打开薄膜通风，剪苗前3～4天，采取白天晾晒、晚上盖，以达到通风、透光炼苗的目的。

17. 育苗期怎样进行炼苗？

拔苗前5～6天到采苗后期为低温炼苗阶段，此阶段以炼为主，提高秧苗对田间的适应能力。一般在拔苗前5～6天浇一次大水，以后停止浇水，进行蹲苗；在拔苗前3天把床温下降至20℃左右，使大苗得到锻炼，小苗仍能继续生长，并逐渐揭膜炼苗，以适应大田栽秧，但要防止揭膜太猛，发生枯叶现象。

18. 育苗期经常发生的病害有几种？怎样防治？

育苗期经常发生的病害有黑斑病、软腐病和茎线虫病。

(1)黑斑病

①*症状* 在薯块上最初产生黑褐色圆形凹陷小斑，以后病斑扩大为不规则大病斑，受害的薯块组织内呈青绿色，味苦有毒，人、畜都不能食用。病苗黄弱，苗基部形成圆形或梭形黑色病斑，严重者变黑枯死。

②*防治方法* 一是选用无病且具有该品种特征的夏甘薯做种，剔除有冻害、湿害、病害和破伤的种薯。二是用50%多菌灵800～1 000倍液浸种10分钟即可排种，或排种后再用50%多菌灵800倍液均匀地喷洒苗床防治。三是用51℃～54℃的温水浸种10～15分钟，可杀死种薯表面附着的病菌，但要注意受过冷害的种薯不能浸种，以免加重腐烂。四是在用火炕育苗的地区，排种后3～4天内床温要保持35℃～38℃(底部土壤温度)，这样既可催芽，又能杀死黑斑病菌。

(2)软腐病 主要由种薯在贮藏期或育苗期受到冷害或碰伤破皮引起。当温度在15℃～23℃时，病菌最容易侵染受伤的薯种，侵入后，虽在较低的温度下，种薯仍继续腐烂。

①症状　甘薯软腐病菌侵染薯块后使薯块变软腐烂，在床土上面覆盖着一层灰白色的病菌，床土也稍凹陷。

②防治方法　种薯上炕时应严格挑选，不从受冷害的薯堆上选种。对有轻微冷害的种薯，出苗前床温不宜过高，应保持在28℃左右，以促使种薯恢复活力，控制病菌繁殖。如果遇到发病，要及时铲除病薯和病土，同时再排上无病的薯种，并换上净土，以减少病害的蔓延。

(3)茎线虫病　俗称糠心病、空心病、糠裂皮，是苗期烂床的病害之一。

①症状　薯种在苗床上受害后出苗稀、矮小、苗发黄，受害部位多在近土面外苗基部白色部分。剖视茎基部，内有褐色空隙，后期呈褐色干腐状。

②防治方法　用40%甲基异柳磷乳剂1 000倍液浸种或喷洒种薯防治，以培育无病壮秧。起苗移栽时，于苗床地面3～5厘米高处剪苗，并用40%甲基异柳磷1 000倍液浸苗，降低薯苗带病率，可减轻病害的发生。

19. 甘薯苗期烂床原因是什么？怎样防治？

(1)苗期烂床的原因

①病烂　种薯有黑斑病、软腐病、茎线虫病或因肥料、床土带菌，此外，冷害、涝害、有伤口也会引起烂床。

②热伤　床温长期在40℃以上易发生热伤，使种薯发软，挤压时流出清水，肉色发暗。

③水烂或闷气缺氧　床土紧实不透气，或浇水过多，封膜后长期不透气，引起缺氧烂床。

(2)苗期烂床的防治

①防治病害侵染　苗床要用无病菌的净土、净圈粪；严格精选无病、不受冷害、涝害和破伤的种薯。在甘薯上床前用50％多菌灵粉剂800～1 000倍液，对防治黑斑病有较好的效果；用51℃～54℃的温水浸种10分钟，不仅对黑斑病有明显的防治效果，还能兼治薯皮内0.5厘米深处的茎线虫。

②严格控制床温　从排种到出苗阶段，床温以控制在31℃～35℃为宜，最高不得高于38℃。排种后1天使床温上升到31℃左右，以后渐增，第五天要把床温升高至35℃左右；高温催芽后，将床温降至31℃左右；出苗后到炼苗，床温应在25℃～28℃；炼苗到采苗，床温在20℃～23℃，要注意通风降温。

③控制浇水　种薯上苗床前要浇足水，一般在幼芽拱土前不再浇水，遇旱可浇小水，在幼芽拱土时可浇一次大水，防止芽尖萎蔫枯干而影响秧苗生长，以后每隔5～6天浇一次水，保持床土湿润。在采苗前的5～6天浇一次大水，以后停止浇水，进行蹲苗。剪苗当天不要浇水，以利于种薯伤口愈合，防止病害侵染。

20. 甘薯育苗期间常见问题有哪些？如何解决？

(1)看种薯　一是薯块不发芽，顶部爆花开裂。原因是温度高，水分少。解决的办法是喷洒38℃～40℃的温水。二是薯块长期不发芽、不生根、没有变化。一种原因是温度低，水分不足，解决办法是加温、洒40℃的温水。或是种薯在田间浸水过久，如果是水浸薯应换掉。三是种薯皮褪色、变暗如烫伤，或者烂掉。原因是浸种时水温过高、时间长或炕温超过40℃。解决方法是换种薯，轻者可改用冷床加薄膜育苗。四是床土湿润，床面点片发生丝状物，有时丝上有小露珠，种薯软腐。原因是种薯受软腐病侵染（种薯受伤、受冻和水浸后易感染），解决办法是另建苗床，重新育苗。五是薯块无白浆，肉色变暗，手挤流清水，薯心有黑筋。原因是温度过低，受冷害。解决方法是把种薯换掉，重新育苗。六是种薯黏湿，有凹陷软腐斑点。原因是温度过高，床土水分多，不通风，氧气不足，解决方法是换薯块，注意通风换气。

(2)看幼芽　一是在幼芽萌发后，生长缓慢，原因是温度低或种薯有病。如果是因温度低，解决方法是加温。若有病，则要重新换床土或换种薯育苗。二是在芽基部有黑色斑点。原因是感染黑斑病，解决办法是另换床土、换种薯重新育苗，排薯时应先对种薯进行温汤浸种灭菌或用药剂处理。三是出芽不整齐。原因是苗床温度不均匀，解决办法是调剂温度。四是根多芽少。原因是温度偏低，湿度偏高。解决办法是加温，注意通风。五是根少芽多。原因是温度偏高，水分不足。解决办法是泼浇 30℃ 温水，增加苗床湿度。六是芽尖枯黑。原因是苗间温度高、湿度小、光照强、芽触薄膜或揭膜猛或遭风吹。解决办法是注意浇水，遮光，逐渐揭膜。七是发芽不多，生长不良。原因是肥料、水分不足。解决办法是立即追肥，泼浇温水。若因为种薯有病则需另建床育苗。

(3)看茎叶　一是叶片小而薄，叶色黄化。原因是种薯轻度冷害，苗床温度低，种薯过小或氮肥不足。解决办法是加温、追施氮肥。二是叶尖或叶缘枯焦，叶全部内卷枯死。原因是突遭大风刮或霜害，化肥粘苗未冲净。解决办法是加强肥水管理，促进薯苗生长。三是苗尖突出，展开叶向上直伸。原因是高温、高湿造成徒长。解决办法是逐渐揭膜通风，控制肥水。四是叶片皱缩，凹凸不平。原因是发生病毒病。解决办法是拔出薯块，拔除病株。五是叶黄，生长缓慢，最后死亡。原因是感染黑斑病，解决办法是重新建床育苗。六是叶背面生半透明黏状物。原因是高温高湿，通风不良，感染黏菌核病。解决办法是注意通风，用70％甲基托布津800倍液喷洒。七是苗细，节长而茎软嫩。原因是排种薯过密，薯苗拥挤，湿度大。解决办法是采取疏苗、通风措施。八是苗粗，节长而嫩。原因是高温高湿。解决办法是采取通风、降温、散湿措施。九是苗细，节短茎硬。原因是温度低，肥水不足，炼苗时间长形成了“老小苗”。解决办法是增温，追施氮肥，浇水，按时剪苗。十是茎节气生根多。原因是湿度大，通气性差。解决办法是注意通风，换气和散湿。

(4)看根　一是下部白根过多。原因是排薯后覆土过厚。二是根尖发黑、腐烂，由发生黑斑病所致，应另建苗床育苗。三是种薯发芽不扎根，由水分不足所致，应浇水。

21. 甘薯育苗方式主要有哪几种？

甘薯育苗方式一般分为以下7种。

一是太阳能阳畦育苗；二是阳畦加温育苗；三是大棚火炕育苗；四是电热温床育苗；五是无土育苗；六是高温结合大棚移栽育苗；七是甘薯脱毒育苗。

22. 如何用火炕进行甘薯育苗？如何正确测量火炕育苗床的温度？

(1)甘薯火炕育苗的方法　火炕育苗是春薯区的主要育苗方法。火炕的形式与规格构造各地虽有较大的差异，但其共同特点是升温快、保温好，不受低温的限制，可以提早育苗；可根据育苗需要调节温度，保证早出苗、多出苗及时供苗，并能节约种薯。建造火炕的具体做法如下。

炕长 450～650 厘米，宽 230～330 厘米，一般长为宽的两倍。炕墙高 40～45 厘米，墙厚 30 厘米左右。顺炕的方向中间挖主火道沟，通灶口处深 80 厘米，炕尾深 50 厘米，横火道沟在墙角处深为 30 厘米，回烟道沟在炕首处深为 18 厘米。主火道、横火道和回烟道宽度为 60～70 厘米。从火道沟中间向下挖 25 厘米见方的火道。于炕首外侧挖烧火坑并建炉灶，灶顶要低于火道底部，使其与火道有较大的坡度。主火道挖好后，即可在火道沟上密铺秸秆抹泥，在炕首 1 米内应铺三层秸秆抹三层泥，100～160 厘米可减为各两层，以后为各一层。主火道盖好后再挖横火道和回烟道，并在墙外回烟道修好烟囱，然后松土，填床土整平即可，最后生火升温，排薯。

(2)正确测量火炕育苗床的温度　测温点应分别设在苗床的当中、两边和两头，其中火炕的高温点是回烟口（主火道的出火口）。如果发现温差过大，不要忙于排种，找出原因采取措施补救。测温时间为每天早晨、中午和傍晚各一次。火炕苗床烧火前和停火后，都应测量温度。特别是盖薄膜的苗床，包括露地育苗盖膜的在内，在晴天的上午 10 时至下午 2 时之间，要注意测量膜内空气的温度变化。

23. 酿热物温床覆盖薄膜育苗的操作要点是什么？如何科学浇水？

酿热物温床覆盖塑料薄膜育苗，是利用牲畜粪、作物秸秆、杂草等酿热材料发酵生热，结合利用太阳光的热能，来提高床温进行育苗。其优点是建床简单省工，不用烧火，出苗较早，薯苗健壮，栽后成活率高。

(1)建苗床　苗床为东西向，长为 600～700 厘米，宽

200～250厘米，苗床的北墙高43厘米，南墙高7厘米（略高于地面），东西两头筑成北高南低的斜墙。在北墙的下部，每隔150厘米处留1个15厘米见方的通气孔，同时每隔100厘米处留1个放置木板的洞（便于采苗时支木板），高度与南墙相平。南北墙砌好后，将苗床深挖50～60厘米，底部当中略高，南、北两边略低呈弧形，这样床两边可多填酿热物，床温比较均匀。在坑底东西向离床边15厘米左右挖两条17～18厘米见方的通气沟，两条通气沟在东西两头各合成一条，并从墙下面通出墙外的地面，向上垒通气筒。东西两头的通气筒一高一低，以利于通气。在通气沟上铺上秸秆，然后向坑内填放酿热物。

(2)填放酿热物 酿热物发酵生热是在微生物分解纤维素的过程中放出能量的结果。微生物的繁殖需要一定的养分（主要是氮素）、水分、空气和温度等外界环境条件。因此，应选用含纤维素多和一定量氮素的骡粪、马粪、作物秸秆和杂草等做酿热物。一般采用铡碎的玉米秆、麦秸或杂草和1/3～1/5的鲜骡粪、马粪及适量的人粪尿（每床150千克左右）和水搅拌均匀。加水的标准是，用手握紧酿热物，手指缝里可见水而不下滴。将酿热物铺入苗床内摊平，然后加盖塑料薄膜，经2～3天，当酿热物的温度上升至35℃左右时，踩实酿热物，踩实后的厚度为20～25厘米，再在酿热物上面填上15厘米厚的床土，即可排放种薯。种薯上盖2～3厘米的沙土，再浇透水，然后用竹竿搭好支架，再盖上塑料薄膜，四周用泥土封严即成。

(3)酿热物薄膜覆盖温床育苗的科学浇水 排种前如果酿热物和床土都较干，可在排薯前2～3天浇少量水，水量以排薯时床土不沾手为宜，以利于排薯时操作。排薯后如果沙土较湿可直接盖沙土6～10厘米，不浇水；如果沙土较干，可用喷壶浇少量水。7～10天后选择晴天上午浇水，以后也不要浇大水。出苗后耗水量逐渐加大，适当增加浇水量。每次采苗后，都要浇透水。这种浇水方法，避免了过去那种排种后即浇大水，常导致温度低、氧气少而发生烂床现象。

24. 采用薄膜覆盖育苗的优点有哪些？

(1)提高苗床温度 薄膜覆盖下的小气候比露地气温高15℃以上。在阳光照射下，能把苗床温度提高到50℃以上。5～10厘米深床土温度比露地平均高5℃～7℃，可以节省大量酿热物或燃料。但薄膜里空间温度过高，对薯苗生长不利，应采取通风、遮荫和浇水等方法进行调节。适当增加床土水分，能有效地保持湿度，提高土壤的热容量和导热能力，从而提高土壤温度。

(2)保持水分 薄膜具有不透水性和疏水性，土壤里的水分通过高温和日光照晒不断蒸发，使水分凝集在薄膜上，回流而滴落床面。据测定，每平方米面积在一天中回流的水分可达1.5升，对保持床土水分，减少蒸发有明显作用。覆盖35天后观测，床面下2～5厘米土层中的水分有所增加，而5～10厘米和10～15厘米各层土壤湿度分别降低2.6%～3%；不盖薄膜的相同土层分别降低13.2%～23.5%和14.6%～35.5%。薄膜上凝集的露珠和床内空间的雾气会影响透光度。当床面温度低时，可用勤拍打薄膜的办法，把水珠震落，增加透光性，提高床温。如果温度过高时，膜上的露珠能减弱阳光照射强度，可保护薯苗不被灼伤。

(3)发芽快，出苗量多 薄膜覆盖提高了床温，保持了湿度，极利于薯块的发芽和幼苗生长。露地育苗，盖膜的苗床比不盖的提早出苗 12～16 天，苗量增加 24%～35%，可提前采苗 13～23 天。

25. 冷床双膜覆盖甘薯育苗的技术要点是什么？

甘薯双膜育苗法是在薄膜覆盖冷床育苗的基础上，畦面上再覆盖地膜的育苗方法，即“天膜加地膜”。甘薯育苗是甘薯生产的首要环节。只有育好苗，才能保证适时栽插；只有有了充足的薯苗，才能保证种植面积和适宜的密度；只有壮苗，才能保证丰产。因此，要力争做到早育苗、育足苗、育壮苗。冷床双膜覆盖育苗采苗量 1 平方米增加 300～500 株，出苗提早 3～5 天，而且苗齐、苗壮。

(1)选好地，施足基肥，做好畦 育苗地块一般要选择背风向阳、靠近水源、有利排水、土壤疏松和三年以上没有种植过甘薯的肥沃土地，在冬季或早春结合施基肥(每 667 平方米施足 3 500～4 000 千克优质粗肥)，深翻一遍，排种前再翻松，耙碎整平，做成宽畦。一般畦宽以 1～1.2 米为宜，不要过宽，宽了用地不经济；但也不要过窄，窄了管理不方便，同时散热快，保温性差，出苗慢，且不匀。畦和畦之间要做 20 厘米宽的土埂子，踩实，便于管理和排灌。畦的长度由地块的大小来决定，一般以 5～8 米为宜。

(2)精选薯块 用作育苗的种薯，必须经过严格挑选。要选具有本品种特征特性的，把薯块上带有黑斑病的、软腐病的、断头的、裂皮的、鼠咬虫蛀的一律拣出来。用多菌灵 300 倍药液浸种 5 分钟，捞起晾干进行排种，以减少黑斑病危害。

(3)适时排种 适时早排种，可以争取早出苗、多出苗，并能延长育苗时间，加强薯苗锻炼，提高薯苗质量，对早栽、密植和增产起着重要作用。双膜育苗排薯的最适时间要根据当地气候条件和栽插时间而定，一般春薯于3月上中旬排薯，麦垄套种推迟在4月初，一般在栽插前40天左右排薯为好，早了迟了都不好。太早排薯，会因低温影响出苗量，或出苗过早出现"苗等地"现象；排薯太迟，不能及时出苗，影响适时早栽，造成减产。

(4) 排种密度 育苗时排多少种薯要根据甘薯栽插面积，栽插密度，用什么品种，种薯品质好坏等因素来确定。一般情况下，春薯每667平方米甘薯田所需秧苗用60千克种薯就可育成。1平方米苗床，排种20～30千克比较好。排种太密，成苗反而少，而且苗子质量差，茎细节长，栽插后成活率低。

(5) 排种方式 一般以平放为宜，薯块间隔1厘米，同时根据薯上中部发芽多、尾部发芽少的特点，平放时最好头部都朝一个方向，使薯苗分布均匀，不密集，薯苗壮。排种宜浅，覆土宜薄，1厘米左右就行。因为浅排薄盖很容易被太阳晒透，升温快，出苗早，出苗多。

(6) 覆盖双膜 床内土面上应撒一些大小不同的土块或一些粗粪，然后覆盖地膜，使膜下有一定空隙，以利于种薯透气吸氧。否则，会引起种薯缺氧腐烂。最后在畦面上架起竹拱，盖上薄膜，四周压严。

(7) 加强苗床管理 管理适当，出苗多而快，苗子壮。

甘薯从排种到幼苗出土是薯块萌芽阶段，这阶段由于气温、地温低，所以主要管理工作是保温。土温在16℃～20℃时25～30天出苗；土温在20℃～25℃时12～15天出苗；土温在35℃时，6～7天就能出苗。保温措施：一是在出苗前夜间薄膜上加盖草苫。二是要控制浇水，因为薯块萌芽阶段没有叶片，蒸发量少，水分消耗少，所以这阶段尽量少浇水或不浇水，以免降低地温，影响出苗。如果排薯时浇水不足，苗床太干，会影响薯块生根发芽，这时应适当补充水分，以薯皮保持湿润为好。

幼苗出土后，是培育壮苗的阶段。待苗出齐后，畦面上的地膜可以揭去。到采苗前这一阶段的管理要以蹲苗和炼苗为主。第一次剪苗前一般不需要追肥，只要适当浇些水就行了。以后每次剪苗前4～7天，都要停止浇水，抑制苗子生长，培育壮苗。从第一次剪苗以后的每次剪苗，都要适当地追一些速效氮肥，如稀释后的人粪尿、饼肥或硫铵、尿素等，并立即浇水，以发挥肥效和防止烧苗。剪苗后在薯苗的伤口尚未愈合时，不能立即追肥，以免引起霉烂，当天剪苗当天不能追肥，要到第二天才能追肥。对暴露在外的种薯，要及时培土覆盖，促使其生根发芽。苗长7～8节时，够剪就剪，不然会影响苗的数量和质量。

齐苗后，晴天上午10时至下午4时，如果薄膜内温度超过40℃就要掀起两头两个角，或掀起部分或全部膜通风，防止烧苗。在剪苗前3～5天要逐渐揭膜炼苗，使其适应大田环境。如遇寒流要及时盖上，以防冻坏薯苗。为保证麦垄套种及麦后栽苗，在收麦前后不可放松管理。

26. 露地阳畦育苗的技术要点是什么？

(1)阳畦的建造 选择地势平坦、排水良好、背风向阳的地段建造阳畦，阳畦的方向为东西向，阳畦长10米左右，内径宽2.5米左右，也可因地制宜。床底距地面0.25米左右。北墙距地面0.8米高，南墙高0.5米，两头为斜墙。畦与畦间留1米宽，便于操作，四周最好用土围墙，即加厚墙体，以利保温。

(2)床土的回填 要求用干净卫生，从未种过甘薯的土，以防传染茎线虫病等病害。先在床底填土约5厘米厚，上面填酿热物和床土的混合物。酿热物用麦秸、破碎的玉米穗轴、杂草均可，如有骡、马粪更好。酿热物与床土的比例以(0.5～1)∶1为宜，同时掺入一定量腐熟的有机肥，拌匀。酿热物与床土混合物回填厚度以10～15厘米为宜。上层回填干净的床土5～10厘米。改良过去仅有纯酿热物层的方法，可避免出现酿热物发酵升温引起的烧苗现象。

(3)排种 排种前首先对薯种进行严格挑选，剔除感黑斑病和茎线虫病等病害的病薯。可用50%多菌灵溶液800倍液或25%多菌灵400倍液浸种10分钟。

(4)浇水 参考酿热物薄膜覆盖温床育苗科学浇水部分。

(5)覆膜 阳畦育苗采用双层膜覆盖的方法，增温快、出苗齐。贴床覆盖透光性好的薄地膜，上面盖塑料农膜、压实。有条件的，夜间最好盖草苫。

27. 电热温室育苗的技术要点是什么？

利用电热温室进行规模化甘薯育苗，是甘薯产业化的重要技术之一。通过温室电热加温，满足甘薯规模化、标准化早春育苗的光照、温度条件，提前育苗期，可以有效地提高甘薯秧苗的产量和质量，提高经济效益。主要技术要点如下。

(1)种薯出窖后的处理 根据甘薯栽插期计划要求，向前递推40天左右，选晴暖无风天气将种薯集中一次出窖。在温暖向阳处稍加干燥去潮，并按上苗床的要求分级挑选。优良种薯应是外观直顺、光滑，单块重150～250克。选好的薯块放入0.2%多菌灵或甲基托布津溶液中消毒20～25分钟，同时去除内部感染线虫的病薯(病薯在水中上浮)。将浸过的薯块捞出、晾干后运入温室加温，准备上苗床。

(2)做畦及电热线布置 甘薯育苗的温室结构同于一般

的瓜菜育苗温室。在种薯上苗床及做畦前7～10天扣膜增温。温室内按宽1.2米左右，南北向做畦，畦深10～15厘米，畦埂宽25～30厘米，畦底上水取平。水渗去后按8～10厘米间距蛇形铺设电热线，电热线两端外露连接电源和温控器。电热线上铺1～2厘米厚的细沙，隔离种薯以免接触电热线。

(3)种薯排放 从畦的南端开始排放种薯，薯块与地面呈45°～50°角斜放。种薯头部向上，前后之间交错，后压前2/3的长度。排放薯块在畦面的高度保持上齐下不齐，以保证出苗整齐一致。排完薯块的畦面，上撒细沙，灌缝并覆盖，覆盖厚度2～3厘米，上面刮平。

(4)管 理

①湿度 甘薯床面用喷壶浇水，防止漫灌破坏畦面平整。浇水量以浸透沙层，到达地表，保持薯块湿润为限。防止水量过大，造成下层过湿，沤烂种薯。床面表土要见干见湿，视情况，一般5～7天浇一次水。采苗前1～2天停止浇水，防止采苗时造成伤口感染。

②温度 种薯上苗床到幼芽萌动约7～8天。幼芽长出要10天左右。这一段时间要保持床温35℃～36℃为好，超过37℃会抑制发芽。后期注意低温炼苗，温度降到20℃或稍低炼苗并促进幼苗健壮。

③幼苗促控 从幼苗出土到采苗的25～30天的时间内，主要通过水、温、气的调节进行促控，降低室温，减少供水，加强通风透气抑制过快生长，促进健壮等。采过头茬秧苗后，种薯的营养已有了较大的消耗，要适量追加肥水，苗高4厘米时结合追肥浇一次水。方法是先用清水泼洒苗床，再用3%尿素液或5%硫酸铵液泼浇，再用清水冲洗后继续保温增温，使床土绝对含水量保持在13%～15%，温度30℃左右。苗高到

20 厘米左右时及时炼苗、采苗。

28. 怎样进行甘薯无土育苗?

甘薯无土育苗与传统育苗不同之处，一是营养体不同，由传统的土壤营养体，改为以水和无机肥料组成的营养液为营养体；二是排薯方法不同，由传统的薯块斜(平)埋入床土中的方法，改为薯块尾部浸入液体中，中上部露在液面以上的直立排薯方法；三是加热方式不同，由传统的地下式加热，改为对液面以上的空间加热。

(1)甘薯无土育苗的好处

①出芽快而齐、采苗早　薯芽突破表皮就见阳光，不经顶土过程，出芽齐。而且比传统育苗的薯芽早见阳光 3～5 天，早采苗 8～13 天。

②根多、芽多、苗多而壮　芽苗不接触液体，无烂芽，苗无肥肿弯曲，每千克种薯共可采苗 280 余株。百株苗鲜重达 700～1 100 克。

③薯块和薯苗无病害　水和无机肥料组成的营养液中，无甘薯病害的病菌，切断了甘薯育苗期黑斑病等病害在育苗期间的传播途径。因此，薯块和薯苗在育苗期间均无感病现象。

④提高太阳能利用率　水比土壤热容量大，同样大小的膜棚内，液体比土体膜下气温的温差缩小 18℃，液温比床土温度温差缩小 9℃。

⑤省工、省料和省种薯　它比传统育苗省工 50%以上，省燃料 75%，节省全部厩肥，省化肥 65%。

⑥大田增产显著　苗粗壮、节间短、汁液充沛、无病害，比传统育的苗早扎根 3～5 天，多生根 4～6 条，圆棵期早出现

5～8 天。

(2)甘薯无土育苗的具体做法

①苗床建造　甘薯无土育苗适合于日光温室、塑料大棚、阳畦和拱棚等，无论采用哪一种方式应以建成永久性的为好。其大小应根据排薯量而确定。

②人工加温　一是燃料加温。二是电热线加热。利用 20 型电热线通电加热。线距 10 厘米布电线，距薯块和液面 5 厘米，平直布线。

③建液池　池深 15～80 厘米，宽 150 厘米，长度不限，池底要平，加液深 15～80 厘米，池埂宽 24 厘米。

④选种薯　选择具有原品种特征，薯块整齐，无病无伤，未受冷冻和湿害，带有蒂的薯块。为了经济用种，以选用 100～150 克重的小薯块为宜。

⑤薯块上架上液　在甘薯适时栽插前 25 天，将薯块高温催芽，当薯芽突破表皮时把薯块头部向上，尾部朝下，直立固定在塑料架上，再将薯块带架放入液体中，使薯块 1/3 的尾部浸入由氮、磷、钾及微量元素配成的稀释营养液中，中上部露在液面上。行距 10 厘米，块(株)距 4 厘米。

⑥管理　一是增温，保温与通风降温。排薯后棚内气温和液温分别保持在 33℃～35℃、30℃～33℃；进入苗期气温与液温均下降到 28℃～30℃；采苗前再下降到 20℃～25℃。二是换液。每隔 5～7 天换一次营养液，按先排后灌的原则进行。长期不换液易造成烂根。三是采苗。当苗长到 20～25 厘米时应及时采苗。采苗方法以抹苗为宜，其好处是伤口小，不外流汁液，容易发根。采苗不及时会影响下一批苗的生长。

29. 什么是采苗圃？采苗圃有哪几种栽培模式？

采苗圃的作用是以苗繁苗，加大繁殖系数，培育壮苗，是搞好甘薯良种繁育的关键措施之一。采苗圃育苗先让蔓迅速生长，待蔓苗分枝长而多时，一次次剪苗再扩大繁殖。采苗圃通风透光好，蔓苗生长健壮，栽入大田后成活快、结薯早。同时，采苗圃通过多次高剪苗可以有效地防治黑斑病等病害，而且便于选种选苗。

采苗圃应选择在背风向阳，平坦肥沃，排灌方便，未发生病害或两三年以上没种过甘薯的地块。在冬前施足无病基肥，结合深耕、细耙，春季复耕后，在谷雨前至立夏间，从育苗床上采下第一和第二茬秧苗栽在采苗圃上。栽秧前打顶心，促使栽后生长分枝，可提高剪苗数量。于栽秧缓苗后，选择晴天抓紧时间锄地，以提高地温，促使根系发展，麦收前 15 天左右，结合浇水每 667 平方米追施磷酸二铵 10～15 千克，以后每隔四五天浇一次水，促使秧苗生长。避免浇水过早，降低地温，影响秧苗的发根缓苗。

采苗圃常采用以下两种栽培模式。

(1)**小垄密植**　结合起垄集中沟施少量优质有机肥或速效化肥。按垄距 50～60 厘米、株距约 16 厘米栽秧。采用小垄密植时，一般每 667 平方米采苗圃可栽夏薯 6 667 平方米左右。每次剪苗后还要酌情追肥浇水。待夏薯栽完后，可进行疏苗，加强管理，将采苗圃作为大田夏薯栽培。

(2)**开沟(向阳沟)条栽**　按 40～45 厘米行距东西向开沟，沟深约 10 厘米，把土翻在沟的北面，形成土垄风障。然后，将从温床剪下的薯秧栽入沟中，株距 7 厘米，小秧直栽，大秧斜栽，栽秧时要求上平下可不平。秧苗顶端不要高出埂顶，以利于防风保暖。栽完一沟后，随即踩沟，使土与秧苗基部紧密结合，以利秧苗的扎根缓苗。然后，再施细粪催苗，接着浇水，但不能顺沟放水，以防止土壤板结而影响缓苗。再开下一沟时，将土盖在前一沟上，沟距 35 厘米左右。缓苗后视苗情，每 667 平方米可追施硫酸铵 5～8 千克。栽后半个月左右打顶摘心，促使秧苗分枝。

30. 采苗方法是什么?

薯苗长到 25 厘米高时，及时采苗。若不及时采苗会发生薯苗拥挤现象，使下面的小苗难以正常生长而减少下一茬的出苗数。采苗时用剪苗方法可减少病害感染传播，还能促进剪苗后在苗基部生出再生芽，增加苗量。采苗时要选择壮苗。

四、甘薯移栽

31. 甘薯垄作栽培的优点有哪些？有哪几种种植模式？

(1)甘薯垄作栽培的优点　甘薯采用垄作栽培，便于灌溉，有利于抗旱防渍；可使土层加厚，扩大根系和块根的发展范围；增加表土立体面，改善土壤透气性，加大昼夜温差。

(2)甘薯垄作栽培的种植模式

①大垄单行　垄距带沟1米左右，高33～40厘米，每垄插苗1行，这种种植模式在雨水多或易涝地普遍应用。

②大垄双行　规格与大垄单行相似，但每垄交叉栽苗2行，适用于栽插密度较大、产量较高的薯田。

③小垄单行　垄距带沟70～85厘米，高20～26厘米，在土壤贫瘠、土层较浅的山地和坡耕地应用较广。

32. 甘薯起垄的质量要求是什么？

起垄时要做到垄形肥胖，垄沟窄深，垄面平，垄土踏实，垄内无大垡和硬心。春薯垄距75～80厘米，夏薯70～75厘米，垄顶宽15～20厘米，垄高25厘米左右。

33. 甘薯栽插的技术要点有哪些？

(1)选用壮苗　在苗源充足的情况下应做到用壮苗，剔除弱苗。春薯剪苗前要经过几天炼苗。夏薯选用采苗圃带顶尖的薯苗。因为壮苗返苗快，成活率高，长出的根多、根壮，吸收养分能力强。

(2)薯苗灭菌处理 主要目的是预防因病害而造成老小苗的发生。方法是用40%多菌灵胶悬剂50倍液或70%甲基托布津700倍液对薯苗基部6～8厘米处浸泡10～15分钟。

(3)掌握栽插技术

①栽插时间 最好选择阴天土壤不干不湿时进行，晴天气温高时宜于午后栽插。大雨天气栽插甘薯不好，易形成柴根，应在雨过天晴土壤水分适宜时再栽。如果是久旱缺雨天气，应考虑抗旱栽插。

②浅栽 土壤疏松、通气性良好、昼夜温差大的土层最有利于薯块的形成与膨大，因此栽插时薯苗入土部位宜浅不宜深，但也不能过浅，必须在保证成活的前提下实行浅栽。在土壤湿润条件下浅栽深度以5～7厘米为宜，在干旱地深栽也不宜超过8厘米。

③适当增加薯苗入土节数 这有利于薯苗多发根、易成活。入土节数应与栽插深浅相结合，入土节位要埋在利于块根形成的土层为好，因此以使用20～25厘米的短苗栽插为好，入土节数一般为4～6个。

④ 栽后保持薯苗直立 直立的薯苗茎叶不与地表接触，避免栽后因地表高温灼伤薯苗而形成弱苗或枯死苗。

⑤点水栽插，按实覆土 改变等雨栽插，实行点水栽插，不仅可以争取时间早栽增产，而且能达到根与土密接，提早成活的目的。

34. 如何确定甘薯的适栽期和种植密度？

(1)甘薯的适栽期 甘薯的适宜栽插期主要依据当地气候条件来决定。当平均气温稳定在15℃以上，表土地温

17℃～18℃，达到薯苗发根最低温度以上，为春薯栽插适期。为了充分争取当地的有效积温，发挥夏季光热资源充足的优势，夏栽甘薯应尽可能体现春争日、夏争时的原则，在条件允许的情况下，提前栽插。

(2)春薯的栽插密度 密度与品种、栽植时期、土壤肥力等关系密切。一般是短蔓、茎叶少、生长期短的甘薯宜密，长蔓、茎叶肥大、生长期长的甘薯宜稀。同一品种，相同的收获期，早栽甘薯的茎叶封垄早，茎叶生长比晚栽的繁茂，蔓较长，薯块大，栽秧的密度宜稀；反之，晚栽的宜密。土壤肥力较高，甘薯的茎叶群体自动调节能力较强，单株分枝较多，叶面积系数较大，容易造成通风透光不良，所以栽秧的密度宜稀；反之，土壤肥力较差的地块宜密。北方地区春薯一般每667平方米种植3 000～4 000株为宜。

(3)夏薯的栽插密度 夏薯又称麦茬薯，由于其生育期短，要求栽插密度适当大些，以株数的增加弥补单株产量的不足，要求垄距70～75厘米，根据品种特性以每667平方米种植4 000～5 000株为宜。

35. 甘薯栽插时为什么要用高剪苗？

因为在甘薯产区种薯常常携带有黑斑、根腐病菌及线虫，萌芽后薯块中携带的病原物也缓慢向薯芽顶部移动。拔苗容易将薯肉及薯芽基部的病原物带入田间，造成病害加剧。高剪苗很大程度上避免了薯苗携带病菌，原因是病原物的移动速度低于薯芽的生长速度，病原物大部分滞留在薯苗基部附近，上部薯苗带病的可能性较小。剪苗时要留3～5厘米的基部，更不要连根拔起。

36. 甘薯有哪几种栽插方法？各有什么优缺点？

甘薯栽插方法与产量的形成关系密切，应根据地区的具体条件，因地制宜地选择栽插方法。根据薯苗在栽植穴内的摆放形式可以分为以下五种栽插方法。

(1)水平栽插法 薯苗长到25厘米以上使用此法较适宜。入土各节平栽在3厘米深的浅土层内，其优点是结薯数多而均匀，但抗旱性能较差。如果水肥条件差，结薯数量多，而营养跟不上，也会影响产量。

(2)斜插法 优点是操作容易，耐旱，抗风，早成活，单株薯块较大等，适宜短苗栽插，缺点是所栽薯块数量少。

(3)船底形栽法 苗的基部在浅土层内(2～3厘米)，中部各节略深(4～6厘米)，沙地深些、黏土地浅些。适于土质肥沃、土层深厚、水肥条件好的地块。由于入土节位多，具备水平插法和斜插法的优点。缺点是入土较深的节位如果管理不当，容易成空节。

(4)直栽法 多用短苗直插土中，入土2～4个节位。优点是大薯率高，抗旱，缓苗快，适于山坡和干旱瘠薄的地块采用。缺点是结薯数量少，应以密植保证产量。

(5)压藤栽插法 将去顶的薯苗，全部压在土中，而薯叶露出地表，栽好后用土压实浇水。优点是由于插前去尖，破坏了顶端优势，可使插条腋芽早发，节节萌芽分枝，生根结薯，茎叶较多，促进薯多薯大，且不易徒长。缺点是抗旱性能差，费工，多用于小面积种植或夏薯种植。

37. 甘薯在栽插时为什么要埋叶？

甘薯的叶片面积较大，通常需要较多的水分供其生长。

薯苗栽插后对水分有较高的需求。此时如果将大部分叶片暴露在土壤表面,在强烈的阳光照射下需要大量的水分供其生理调节,但刚剪过的薯苗没有根系,仅靠埋入土中的茎部难以吸收足够的水分,易造成叶片与茎尖争水,茎尖呈现萎蔫状态,返苗期向后推迟,严重时造成薯苗枯死。而将大部分叶片埋入湿土中可有效地解决薯苗的供水问题,叶片不仅不失水,还可从土壤中吸收水分,保证茎尖能够尽快返青生长。埋叶法增产的原因在于成活率高,且缓苗早。

38. 甘薯在栽插后覆盖地膜有什么好处?

在甘薯栽插后覆盖地膜可起到提高地温,保持土壤水分,防止土壤板结的作用。采用覆膜措施可将春薯的栽插期提前10～15天,达到早栽早收、提高种植效益的目的。覆膜后因土温提高及土壤通透性改善可大幅度提高产量,改善薯块的外观品质。在日本及韩国,商品薯的生产大多采用地膜覆盖。

39. 甘薯栽插时的误区有哪些?

(1)栽插时漫灌 为了节约工时而采取栽后灌沟或在大雨后栽插,这种方法可保证较高的成活率,但往往出现长时间薯苗生长缓慢。原因是漫灌后土壤呈现水分饱和状态,土温偏低,根系生长缓慢,同时土壤变得比较结实,土壤中的氧气含量减少,妨碍了根系的生长。在干旱季节采用浇窝水埋叶法栽插的田块,土壤氧气充足,土温较高,薯苗返苗快,生长势强。

(2)高垄双行栽培 在20世纪六七十年代,高垄双行栽培被普遍采用。其生产背景是劳动力比较充足,在田间作业中可投入大量的工时。随着生产水平的提高,双行栽插已经不能适应生产实际的要求。与之比较,单垄种植有明显的优越性。除去产量优势外,单垄可在做垄、去蔓、收获等环节采用机械化,这是双行种植无法达到的。当前机械化生产是甘薯生产发展的方向。

(3)多品种混栽 生产甘薯时要尽量采用一致的品种,不同品种混栽会导致减产。一般来说,甘薯各品种间存在较大差异,有的适合在肥力高的条件下种植,有的适合在肥力低的条件下种植,有的蔓较长,有的蔓较短,混栽后部分品种的植株获得优势,营养生长过盛,影响了弱势植株的生长,同时优势植株因茎叶旺长导致薯块产量低于正常水平。一般情况下两个高产品种混栽后也会降低产量。

(4)薯垄及植株间距离不均匀 在做垄时要尽量使垄的宽度保持一致,宽窄不匀会造成邻近的植株间获得的营养不同,造成优势植株营养生长过盛,而弱势植株可能得不到充分的阳光及养分,进而影响产量。间距不匀易使靠在一起的两株成为弱势植株。

(5)切块直播甘薯

第一,切块直播的薯块含有较高的可溶性糖,切开后容易腐烂,利用药剂处理效果也不理想。

第二,从薯块入土到成苗需要较长时间,只可作为春薯栽种。由于薯块直接播入田间,不像在苗床中可统一加温,加速薯苗生长。切块直播时,入土太早容易冻烂,造成出苗不均。

第三,切块直播会将种薯病害带到田间,具有积累病害的危险。现在提倡栽插高剪苗以尽量避免薯苗携带病害。

第四,切块直播时,因为出苗时间和出苗质量有较大差别,会严重影响产量。直播的用种及用工量比较大,一般每667平方米需要100多千克,在薯苗20～30厘米时需要逐株清除母薯,比较费时。因此,切块直播不宜在生产上推广。

五、甘薯施肥浇水管理

40. 甘薯大田生长分为哪几个阶段?

甘薯生长期可划分为四个时期,但由于品种特性、栽培条件和生长表现的不同,各生长期的具体时间段也不同。

(1)发根缓苗期 指薯苗栽插后,入土各节发根成活,地上苗开始长出新叶,幼苗能够独立生长,大部分秧苗从叶腋处长出腋芽的阶段。

(2)分枝结薯期 甘薯根系继续发展,腋芽和主蔓延长,叶数明显增多,主蔓生长最快,茎叶开始覆盖地面并封垄。此时,地下部的不定根分化形成小薯块,到后期成薯数基本稳定,不再增多。结薯早的品种在发根后10天左右开始形成块根,到20～30天时已看到少数略具雏形的块根。

(3)薯蔓同长期 从甘薯茎叶覆盖地面开始直到田间叶面积最大为止。茎叶迅速生长,茎叶生长量约占整个生长期重量的60%～70%。随着茎叶的增长,光合产物不断地输送到块根,使其明显膨大增重,块根总重量的30%～50%是在这个阶段形成的。

(4)薯块盛长期 指茎叶生长由盛转衰直至收获期,以薯块膨大为中心。茎叶开始停长,叶色由浓转淡,下部叶片枯黄脱落。地上部同化物质加快向薯块输送,薯块膨大增重速度加快,增重量相当于总薯重的40%～50%,高的可达70%,薯块里干物质的积蓄量明显增多,品质显著提高。

41. 甘薯吸收氮、磷和钾的特点是什么?

(1)甘薯吸收氮、磷、钾的比例 甘薯对氮、磷、钾肥料的吸收以钾最多,氮次之,磷居第三,所需氮(N)、磷(P_2O_5)、钾(K_2O)的比例大致为1:(0.4～0.9):(1.5～2.5)。通过大田生产试验表明,每生产1千克鲜薯,需要从土壤中吸收氮4克,磷(P_2O_5)2克,钾(K_2O)6.2克。

(2)甘薯在不同生长时期对氮磷钾吸收量的变化 甘薯从扦插成活到收获,整个生长过程中吸收的氮、磷、钾在植株矮小时吸收量较小,以后随着植株的生长和薯块的逐渐膨大,吸收养分的速度加快,薯块膨大期是吸收营养物质最多的时期,也决定着结薯数量和最终产量,到了中后期,地上部茎叶生长逐渐缓慢,叶面积开始下降,黄枯叶率增加,茎叶鲜重逐渐减轻,大量光合产物向地下输送,此时除需要一定量的氮磷外,更需要大量的钾素。甘薯在生长盛期之前吸收钾肥的量较少,而在茎叶生长盛期至回秧期吸收最多。甘薯在生长前期、中期和盛期吸收氮肥较快,吸收量大,回秧中后期吸收较慢,需求量减少。对磷的需要前期和中期较少,薯块迅速膨大期吸收量最多。

42. 甘薯施肥的原则是什么?

甘薯的施肥原则是,以农家有机肥为主,化肥为辅;以基肥为主,追肥为辅;追肥以前期为主,后期为辅。甘薯是喜钾作物,增施钾肥对产量和品质均有明显作用。甘薯忌氯,当施用氯化铵、氯化钾等含氯化肥超过一定量时,不但会使薯块淀粉含量降低,而且使薯块不耐贮藏。

43. 甘薯基肥施用的种类与方法有哪些？为什么提倡使用有机肥做基肥？

(1)施基肥是甘薯施肥的主要内容 基肥应以优质的有机肥料为主。沙土地通透性好，昼夜温差大，但保水保肥能力差，宜施用半腐熟的有机肥；黏土地宜施腐熟的有机肥料。化肥中部分氮肥和全部磷、钾肥也可随基肥同时施入。

(2)施用有机肥做基肥的好处 施用有机肥，能较好地协调地上部与地下部的生长，促进结薯，提高鲜薯产量、品质及商品率；提高肥料利用率和维护地力，满足甘薯生长对各种养分的需求，促进甘薯生产可持续发展。

44. 甘薯主要缺素症有哪些？各有什么特点？

(1)甘薯缺氮症 老叶先发黄，以后幼叶变淡，植株生长缓慢，节间短，茎蔓细，分枝少，茎及叶柄发紫，叶片边缘及主脉均呈紫色，顶梢茸毛较多，老叶不久脱落，最后全株发黄。氮素占甘薯叶片干物质重量的4%以下就表现出缺氮，同化作用所产生的养料多向地上部转移；少于2.5%时就会降低光合强度；少于1.5%时，就会出现明显的缺氮症状。

(2)甘薯缺钾症 在生长前期缺钾，节间和叶柄变短，叶片变小，接近生长点的叶片褪色，叶的边缘呈暗绿色，叶面凹凸不平。生长后期缺钾，老叶在叶脉之间严重缺绿，叶片背面有斑点，茎蔓变短，生长缓慢，叶片不久发黄脱落。缺钾时，由于老叶内的钾能转移给新叶再利用，所以缺钾的症状往往先从老叶上表现出来。

(3)甘薯缺钙症 甘薯叶片中钙含量少于0.2%就会出现缺钙症，表现为幼芽生长点死亡，叶片小，大叶上有褪色的斑点。

(4)甘薯缺硫症 甘薯叶片中硫含量少于0.08%时就会出现缺硫症，表现为叶片呈现灰绿色及黄色，幼叶尖端发黄，幼叶主脉及支脉呈绿色窄条纹，节间不太短，叶片不太小，生长也不慢，但最后发黄死亡。

(5)甘薯缺铁症 甘薯叶片中缺铁呈现叶色褪绿，影响叶绿素和蛋白质的形成，严重时叶片发白。

45. 甘薯生长前期的管理要点是什么？

从栽插至有效薯数基本形成为生长前期（发根分枝结薯期），即春薯栽后60～70天，夏薯栽后40天左右。本期结束时茎叶进入封垄期，茎叶覆盖地面，叶面积系数一般达1.5左右，高产地块达2.5。此期主攻目标是根系、茎叶生长，管理的核心是保证全苗。

(1)查苗补栽，消灭小苗缺株 补苗选用壮苗，在下午或傍晚时补栽最好。在田头栽一些预备苗以便补缺。

(2)早追肥，防弱苗 肥地不追，弱苗适当多追，每667平方米穴施尿素5～10千克，如果基肥不足，距棵15厘米左右条施适量有机复合肥。

(3)防治地下害虫 防治地下害虫（蝼蛄、蛴螬、金针虫、地老虎）用50%辛硫磷乳油1 000倍液灌根，或每667平方米用50%辛硫磷1 000毫升拌细土100千克，犁地时均匀撒入犁沟防治。防治地老虎、蝼蛄也可用毒饵诱杀，用80%敌百虫可湿性粉剂60～100克，先以少量清水溶化后，加入炒香的棉籽饼或菜籽饼5～7千克拌均匀。也可用毒草诱杀，取鲜草25～40千克，铡成1.7厘米长，与90%敌百虫晶体50克，用适量清水拌均匀后，于傍晚撒在薯苗根附近地面上诱杀。

(4)适时打顶　当主蔓长50～60厘米时，打去未展开嫩芽，待分枝长50厘米时，打群顶。

(5)及早化控　水肥地为预防后期旺长，应及早采取化控，封垄时每667平方米用15%多效唑75克，加水50～60升，喷洒一次后，隔10～15天再喷洒一遍，控制茎叶后期旺长。

46. 甘薯生长中后期的管理要点是什么？

北方地区进入9月中下旬以后，随着气温的不断下降，薯块的膨大速度减慢，地上部茎叶的黄化衰老现象也随之发生。但这个时期正是栽培管理的重要时期。

(1)水肥管理　水肥得当及其他措施跟得上，相应延长了薯块的膨大期，可以促进甘薯产量和品质的提高。栽培管理上采取首先浇小水、追施裂缝肥。此期因薯块膨大，在薯垄顶部容易产生裂缝，所以也称“裂缝期”。在旱情严重的地块浇小水，提倡隔行浇水，即隔一垄浇一垄，这样既省时、节水、减少土壤板结，又提高了工作效率。水量以达到垄沟深度的1/3就可以。基肥或前期追肥不足而已呈现出脱肥早衰现象，地上部叶片黄化、干枯、脱落的薯田，应当在浇水的同时每667平方米追施尿素5～8千克，硫酸钾4～7千克。甘薯是喜钾作物，钾在土壤中不容易移动，后期追施钾肥能够有效提高甘薯产量和品质。

(2)清除田间的大草、明草　甘薯田内的大棵杂草不仅与地上部的茎蔓争夺生长空间，影响通风透光等，同时也与地下部的薯块争夺土壤养分，使甘薯的产量受到一定的损失。

(3)叶面喷施微肥　喷施微肥能够在甘薯生长中后期起到防早衰，延长叶片的光合作用，使甘薯产量增加、品质提高。

喷施微肥具有成本低、省时省力、见效快等特点，一般增产幅度可达 5%～10%。施用方法：每 667 平方米用 0.5%～1%的尿素溶液或 0.2%～0.5%的磷酸二氢钾，对水 100 升叶面喷施，隔 5～7 天喷一次，连喷 2～3 次。在甘薯地上部生长较差的地块，两种微肥可以合二为一。

(4)甘薯地上害虫的防治 甘薯生长中后期，田间的食叶性害虫发生较严重，主要以甘薯麦蛾和甘薯天蛾为主，它们咬食叶片，在叶片上形成不规则的小洞甚至食掉半个到整个叶片，全田的叶片损失率可以达到 20%～30%。甘薯白飞虱也在薯田普遍发生，多数散落在叶片背面吸食汁液，导致叶片萎蔫下垂不挺直，使叶片的光合作用下降，进而影响甘薯的产量和品质。防治方法：甘薯麦蛾、甘薯天蛾用 80%敌敌畏乳剂 2 000倍液或夜蛾必杀与高效氯氰菊酯按 1∶1 配成 500～800倍液或用 40%乐果乳油 1 000～1 500 倍液喷雾防治。对甘薯白飞虱的防治方法：因白飞虱具有趋黄色习性，可以采用黄板诱杀。或用 10%扑虱灵乳油 1 000 倍液叶面喷洒，注意要尽量喷到叶片背面。隔 5～7 天喷一次，连喷 2～3 次。

47. 菜用甘薯的栽培技术要点是什么？

目前国内菜用甘薯的栽培尚属于起步阶段。南方因为雨季长、雨量大，采用高畦栽培，在高 15 厘米、宽 1～1.2 米的畦上栽 6 行菜薯，畦间 25～30 厘米宽的空地用于排水和采摘作业。每 667 平方米种植 1.5 万～2 万株，一次栽插周年生长，每 667 平方米可以生产商品菜 3 000 千克左右，产值 4 000 元以上。

叶菜用甘薯在北京郊区可以种植在露地，采用平插盖膜栽培，生长周期 150～160 天，采摘期 120～130 天，每 667 平方米产量2 000～2 500千克，在温室保护地中可以周年生长，每667平方米产量达到3 000～4 000千克。主要栽培技术如下。

(1)选地做畦 菜用甘薯以收获茎叶为主、兼顾甘薯的特性，应选择肥沃的轻壤土。土壤的肥力要高，以三年内没种过甘薯的地块为宜，尤以西瓜、蔬菜、玉米、小麦茬地为好。根据北方的气候特点，做畦规格为高15厘米、宽60～80厘米，中间留30厘米浇水作业带。做畦前每667平方米施2 000～2 500千克腐熟有机肥和0.2%辛硫磷药液混拌的毒谷50千克撒施，随松土做畦翻入地下。畦面用0.015毫米厚地膜全畦覆盖，两侧压实。

(2)栽插 薯苗栽插在畦顶，行距20厘米、株距12～15厘米，每667平方米栽插1.4万～1.6万株，秧苗竖直栽或斜插栽，入土深度4～6厘米，栽后用水壶点水，并盖好薄膜裂缝。

(3)采摘与修枝 薯秧缓苗后立即摘心促进腋芽形成侧枝。栽后30天左右可以将新生侧枝顶部的12厘米采下，包装上市。以后根据长势每7～8天采摘一次，直到初霜薯秧停止生长为止。每次采摘要在枝条茎部留2个左右的节间，以保证再生新芽。采摘同时还要对母茎进行修理，去掉那些底部老茎滋生的畸形小芽，保证群体的通风透光和营养的集中供给。

(4)追肥与管理 为保证茎叶的产量和质量，采摘2次后要进行一次浇水和追肥。追肥要用氮磷钾复合肥或专用的冲施肥10～15千克，每667平方米的浇水量在25立方米左右，顺采摘作业带灌入，水分可由侧面渗入畦中。浇水后进行土壤疏松，并随时拔掉畦面或中间的杂草。菜用甘薯适应性较好，生茬地上病害很少发生，如果发生食叶性害虫，应尽早使用高效低毒生物性药剂防治。

(5)种薯繁殖　由于采摘茎叶的薯田地下不能膨大块根，留种须另行栽种，留种的菜薯与普通甘薯栽培要求一致。

48. 为什么改翻蔓为提蔓？

传统的甘薯栽培方法将翻蔓看作是一个必须的藤蔓管理措施。随着科学技术的不断发展，试验和生产实践证明，翻蔓对甘薯生产有害而无益。长期阴雨天造成土表潮湿，接触土壤的薯蔓节间处容易产生细根，有些可以膨大成块根，造成一定的养分流失。传统方式是通过翻蔓阻止须根产生。结果表明，翻蔓会打乱甘薯的生长秩序，在中后期翻蔓时容易折断薯蔓，导致产量降低。目前甘薯育种单位均不采用翻蔓措施，新品种是在不翻蔓条件下选出的，适合自然生长状态，不需要费力费时进行翻蔓，改为提蔓操作。

49. 甘薯畸形块根是怎样形成的？应如何防治？

(1)甘薯畸形块根的形成原因　在甘薯的栽培过程中，会遇到甘薯形成一些畸形块根的现象。有的长得“不顺溜”，有的大头小尾，形成牛蒡根，有的出现裂缝，还有的块根发硬，里面像长了“红血丝”等。这些现象的发生严重影响了甘薯的商品价值。

从薯秧或种薯苗上长出的幼根都叫纤维根，薯块就是这些纤维根皮下的形成层细胞加速分裂、生长、膨大形成的。然而，不同的纤维根生长发育的条件不一样，所形成的根也不一样。有的膨大形成块根，有的没有膨大变粗，仍然是些纤维根，介于二者之间的，就形成了牛蒡根(柴根)。纤维根是否能形成块根受很多因素的影响，在日照充足、土壤通气性好、肥水适宜的条件下，可使纤维根的形成层活动力增强，抑制其木质化作用，有利于根的加粗而形成块根；相反，土壤湿度大、通气不良或氮肥过多，则有利于形成纤维根；在薯块形成的过程中，如果遇到土壤干硬、通气不良等不利情况，就会使块根的膨大受阻，从而形成牛蒡根。

(2)防止甘薯出现畸形块根的方法 要避免甘薯块根畸形生长，就要在土壤选择、施肥、灌溉等方面采用科学合理的方法。

①土壤选择 甘薯的生长对土壤要求并不严格，但最好还是选择表土疏松、排水良好、富含有机质、土层深厚的沙质壤土和壤土。沙质过多的土壤要增施有机肥和掺黏土改良土壤。土质黏重的地块，虽然保水力强，但不利于块根的形成与膨大。

②要根据甘薯的需肥特性合理施肥 在甘薯的一生中钾肥需要量最大，氮肥次之，磷肥最少。氮肥的需求多集中在封垄前，在结薯期切忌施过量氮肥，结薯期如果土壤中速效氮含量过高，幼根中柱细胞老化形成纤维根，难以膨大为块根。所以在施肥时一定要注意前期重氮，后期重钾。

③要加强水分管理 有一些畸形薯，是由土壤干湿不当所致，有的甘薯块根在膨大过程中出现裂缝，往往是干旱后浇水或下雨造成的。所以，生产中保持适宜的水分，在分枝结薯阶段保持田间最大持水量的70%～80%，其余时期保持田间最大持水量的60%～70%，才能避免裂薯及“红血丝”的出现，获得更多正常的薯块。

50. 薯块裂皮的原因是什么？应如何防治？

(1)薯块裂皮的原因　由以下两种病害引起。

①空凡发疱病　这是在甘薯生长和贮藏期都可以发生的一种生理性病害。该病通常在高温低湿的情况下发生，轻则造成薯块表皮凹凸不平，重则引起薯皮破裂翘起，造成薯块皮层和内部生长不协调而发生裂皮。

②线虫病(包括茎线虫病和根结线虫病)　病原是茎线虫和根结线虫。线虫通过粪肥、土壤、流水、农具和牧畜活动传染。田间正在生长的薯块皮层被线虫侵染后，由于细胞分裂失调而发生裂皮。该病通常在土质疏松、有机质较多的砂壤土地块或在干旱后遇雨水情况下发生严重。

(2)防治方法

①建立无病留种地，培育无病壮苗　种薯用50℃～54℃的温水浸10分钟消毒。薯苗栽插前用50％辛硫磷300倍液浸30分钟。

②粪肥和厩肥的处理　发病区的粪肥、厩肥施入田间时，必须经充分腐熟或同时用以上药剂处理。

③轮作换茬　病区采用与花生轮作效果较好，可轮作一年。与玉米、芝麻等轮作时间要更长，2～3年为佳。

④选用抗病良种　选用苏薯4号(食用和果脯加工型)和皖薯3号、南薯99(淀粉加工和饲用型)等抗病品种能有效防止甘薯裂皮。

51. 如何施用抗旱保水剂？它对甘薯产量与品质有什么影响？

在薄沙地上每667平方米施1千克抗旱保水剂。施用方法按照 1∶30 比例与干土混匀后，通过垄顶开沟，沟深10～12厘米，撒入抗旱保水剂后覆土盖地膜移栽。试验证明，施用抗旱保水剂可以减少死苗率 4%左右，每 667 平方米产量提高12%左右，改善薯块外观品质，减少裂纹、弯曲、带蛆眼和发生茎线虫的薯块，每 667 平方米经济效益增加 8%～10%。

52. 为什么要积极推行甘薯机械化生产？

机械化生产不仅可节省大量的工时，提高劳动效率，还可提高产量，降低损耗。如与小四轮拖拉机配套使用的甘薯起垄器的工作效率为每小时 2 000～2 600 平方米，薯垄均匀，有利于高产栽培。切蔓机可将薯蔓就地切碎还田，节省劳力，提高地力。收获器的工作效率相当于 50～60 人进行人工刨收，且烂损率与漏收率均大大低于传统人工收获方式。机械化对于大规模商品薯生产尤其重要。

六、甘薯病虫草害防治技术

53. 甘薯的主要病虫草害有哪些?

(1)甘薯三大病害 甘薯三大病害是指茎线虫病、根腐病和黑斑病。这三种病害无论哪一种严重发生都能使甘薯绝产绝收,严重影响薯农的经济效益。目前生产上还没有对三大病害绝对免疫的品种。

(2)甘薯主要地上害虫 地上害虫主要有斜纹夜蛾、天蛾、麦蛾、潜夜蛾、茎螟、小象虫、长足象、飞虱和蚜虫等。

(3)甘薯主要地下害虫 甘薯地下害虫种类较多,主要有蛴螬、蝼蛄、金针虫和地老虎等。

(4)甘薯地常见杂草 薯田杂草种类很多,总计在100种以上,主要有马唐、狗尾草、苋菜、马齿苋、早熟禾、苍耳、藜、茅草、刺儿菜、香附子和鬼针草等。

54. 甘薯冷害发生条件与症状是什么?

甘薯冷害又称冷烂、硬心薯,其发生有以下特点。

由低温引起。甘薯是喜温作物,薯块组织细胞生活的最低温度为9℃～10℃,如贮藏温度在10℃以下,就有发生冷害的危险。薯块受冷害后失去光泽,略带暗色,受冻部分用手指轻压有弹性感觉,剖开病薯,可见贴近薯皮的薯肉迅速变褐。如果受冷害较重,切断后马上变为黑褐色,受害处出现水渍状,切面不见乳汁泌出。冷害薯块往往部分组织形成硬核,煮后仍有硬心,故称硬心薯。

55. 如何识别与防治甘薯黑斑病？

甘薯黑斑病又叫甘薯黑疤病，各甘薯产区均有发生，是甘薯生产上的重要病害之一。

(1)发病症状 从育苗期、大田生长期和收获贮藏期都能发生，引起死苗、烂床、烂窖，对甘薯生产造成严重损失。

病菌主要危害薯块和薯苗，在收获时可以见到薯蔓白色部分发病变黑。薯块发病产生圆形或近圆形的黑褐色病斑，病部中央稍凹陷，病健交界分明，轮廓明显，上生灰色霉层。在湿度适宜时，发病部位长出黑色的刺毛状物，病菌能侵入薯肉下层，使薯肉变为墨绿色，有苦臭味。染病薯苗发黄细弱，一般在苗茎基处白、嫩部分产生梭形或长圆形的黑色病斑，病苗栽到大田后叶片发黄脱落，生长缓慢，最后造成死苗缺株。

(2)传播途径 黑斑病是一种真菌性病害，以菌丝体和各种孢子生于病薯组织或沾在病薯表面。当遇到适宜温、湿度时，少数带菌种薯便成为发病中心，通过种薯、薯苗互相接触而传播侵染。用带菌的土壤、粪肥或带菌的水浇苗都可引发病害。发病中心种薯上产生的孢子也可随浇水向四周蔓延。第二年育苗，有病薯块长出的秧苗也带病菌，栽到大田同样出现上述现象，通过“拐子”侵染到新薯块，完成侵染循环。

(3)防治方法

①更新苗床 床土应为多年不种甘薯的菜园土。

②精选种薯 必须严格挑选剔除虫薯、创伤薯、病害薯和冻薯。

③进行种薯消毒 一是用温汤浸种。用51℃～54℃的温水，浸种10～15分钟。二是用药剂浸种。用50％甲基托

布津或50%多菌灵500～800倍液浸种5分钟。

④苗床管理　在种薯上苗床前三天将床温提高到35℃～38℃，以后床温不低于28℃～30℃，以促进伤口愈合，提高抗病能力，抑制病菌繁殖。

⑤剪除黑根　离炕面3厘米左右剪苗，可除去容易感病的地下白色部分。

⑥秧苗处理　将剪下的苗捆好，放入50%甲基托布津500倍液中浸5分钟，浸苗以浸泡薯苗下部6～7厘米长为宜。

⑦实行轮作　与水稻、玉米、小麦、豆类等作物实行2年以上的轮作。

56. 如何识别与防治甘薯茎线虫病？

(1)发病症状　甘薯茎线虫俗称糖心病、空心病和糠梆子病等，是由甘薯茎线虫引起的一种检疫性病害。我国南北方各薯区均有发生，北方薯区更重。一般感病田块减产20%～50%，稍严重的减产60%～70%，甚至绝产无收。是一种毁灭性病害。主要为害薯块、茎蔓和薯苗，致茎蔓、块根发育不良，短小或畸形，严重时枯死。苗期染病出苗率低、矮小、发黄，纵剖茎基部，内见褐色空隙，剪断后不流白浆或很少；后期染病表皮破裂成小口，髓部呈褐色干腐状，剪开无白浆。茎蔓染病表现为主蔓基部拐子上表皮出现黄褐色裂纹，后渐成褐色，髓部呈白色干腐，严重的基蔓短，叶变黄或主蔓枯死。根部染病表皮坏疽或开裂。块根染病因侵染源不同，症状出现糠心型、裂皮型及混合型三种。一是糠心型薯苗。种薯带有线虫，线虫从病秧拐子侵入到块根，从块根顶端发病，后逐渐向下部及四周扩展。先呈棉絮状白色糠道，后变为褐色，即称糠心。有时从外表看不出来，仅重量轻。二是裂皮型，主要由土壤传染，线虫用吻针刺破薯块外表皮，钻入内部为害，初外皮褪色，后变青，有的稍凹陷或生小裂口，皮下组织变褐发虚，最后皮层变为暗紫色，多龟裂，内部呈褐白色干腐状。三是混合型，既发生糠心，也出现裂皮。

(2)传播途径 甘薯茎线虫病逐年扩展，危害日趋加重，原因是多方面的。一方面甘薯茎线虫病是一种很顽固的病害，不易根治。同时甘薯茎线虫的抗逆性和繁殖能力都很强，茎线虫可终年繁殖，在甘薯整个生长期及贮藏期不断为害。条件适宜时，每雌虫产卵 1～3 粒。一生共产 100～200 粒，从产卵到孵化为成虫需 20～30 天。该线虫在 2℃～30℃活动，高于 7℃即产卵和孵化，25℃～30℃最适，对低温忍耐力强，－25℃经 7 小时致死，高于 35℃则不活动，在薯苗表层用 48℃～49℃温水浸 10 分钟即死。干燥条件下可存活 1 年，在田间土壤中可存活 3～5 年，主要通过种薯、土壤、粪肥及秧苗传播。线虫多以成虫或幼虫在土壤中越冬，从薯块附着点侵入，沿髓或皮层向上活动，营寄生生活。带有茎线虫的薯秧栽到大田后，茎线虫随着传入土壤中，但主要留在薯苗中活动，到结新薯块后钻入土中。即使栽植无病秧苗，土壤中的线虫可在栽植后 12 小时侵入幼苗，从苗的末端自根或所形成的小薯块表皮上自然孔口或伤口直接以吻针刺孔侵入，致细胞空瘪或仅残留细胞壁及纤维组织，薯块呈干腐糠心状。在－2℃低温条件下 1 个月仍能存活，在土壤和薯窖里一般都能安全越冬，通过病薯、病苗、病残体、土壤及未腐熟的肥料等多种途径传播蔓延。另外，薯农多是一家一户耕作，病害检疫意识淡薄，乱引滥调种薯、种苗，致使甘薯茎线虫病迅速蔓延。同时种植甘薯的地块多是山丘薄地，春薯面积大，重茬率高，使线虫日益积累，病情逐年加重。

(3)防治方法

第一，严格检疫制度，杜绝从疫区引种。

第二，切断线虫来源，培育无病种苗，选用无病留种地，严格做到施净肥、栽净苗、浇净水，防止地下害虫，防止线虫传播。在薯块出窖、育苗、栽插和收获等各个环节，彻底拣出病残体，切实做到集中深埋或烧毁，不给线虫留有生存的机会。不要用病薯及其制成的薯干、病秧做饲料，防止茎线虫通过牲畜消化道进入粪肥而传播病害。

第三，化学药剂防治。以甲基异柳磷、辛硫磷及茎线灵等药剂防效较好，且无药害，对人、畜安全。具体方法，用40%的甲基异柳磷或50%的辛硫磷对成2 000～3 000倍液，栽插时穴浇0.5千克；或用0.5千克的40%甲基异柳磷对干细土150千克，栽插时施入穴内；也可每667平方米用5%的茎线灵颗粒剂1～1.5千克撒在薯秧茎部，然后浇水覆土。

第四，生物类农药防治。阿维菌素是一种新型抗生素类杀虫杀螨剂，具有广谱、高效、低残留、持效期长、使用安全等特点。甘薯栽插前用生物制剂阿维菌素3 000倍液穴浇，试验表明可显著抑制甘薯茎线虫的发生，防治效果达到80%左右，并且为甘薯无公害生产提供了新的途径。

第五，选用抗茎线虫病的优良品种。现已选育出一批抗病或耐病性较强的品种，如鲁薯3号、济薯10号、苏薯7号、豫薯13、济薯11号和短蔓红心王等优良品种，为抑制病区的茎线虫病扩展和减轻危害提供了有利条件，是经济有效的方法。

第六，进行轮作。提倡与烟草、水稻、棉花、高粱等作物轮作。

57. 如何识别与防治甘薯根腐病?

(1)发病症状 甘薯根腐病是近年发生较重的一种病害，在山东、河南、河北、江苏、安徽、陕西等省发生较重。苗床和大田均可发病。育苗期染病，病薯出苗率低、出苗晚，在吸收根的尖端或中部出现黑褐色病斑，严重的不断腐烂，致地上部植株矮小，生长慢，叶色逐渐变黄。大田期染病，受害根尖变黑，后蔓延到茎，形成黑褐色病斑，病部表皮纵裂，皮下组织变黑。发病轻的地下茎近地际处能发出新根，虽能结薯，但薯块小；发病重的地下根茎大部分变黑腐败，分枝少，节间短，直立生长，叶片小且硬化增厚，逐渐变黄反卷，由下向上干枯脱落，最后仅剩生长点2～3片嫩叶，全株枯死。

(2)传播途径 甘薯根腐病是由甘薯腐皮镰孢菌引起的。传播途径主要有土壤、种苗及栽培管理措施等。病菌主要集中在土壤耕作层，通过沟灌浇水、中耕除草等田间管理措施将病菌传播到健壮的植株上；病菌通过猪、羊等过腹后仍能致病；田间遗留的病残体也是初侵染源；种薯、种苗是远距离传播的途径。

甘薯根腐病发病条件，温度范围21℃～29℃，最适温度27℃，土壤含水量10%以下，对病害的发展有利。沙土地因土壤保水、保肥能力差，植株长势弱而发病严重。连作地块因病菌基数大而发病严重。不同品种的抗病性也有明显差别。

(3)防治方法 一是选用抗病品种如徐薯18、徐薯2号、烟薯3号和红心王等。二是严格植物检疫，不从疫病区调运种薯、种苗，培育无病种苗。三是清洁田园，将病残株带出甘薯地块后深埋。四是增施不带病菌的有机肥。五是犁地时深翻耕作层。六是春薯适期早栽，春薯、夏薯栽后都应浇一次水，栽插时使用高剪苗。七是连作地块应与小麦、玉米、花生和棉花等作物轮作。

58. 如何识别与防治甘薯病毒病？

国内外甘薯病毒约有 6～7 种，分别为甘薯羽状斑驳病毒、潜隐病毒、轻斑驳病毒、脉花叶病毒、黄矮病毒、黄瓜花叶病毒和烟草花叶病毒等。

1990 年以来，我国先后鉴定明确的主要有三种：甘薯羽状斑驳病毒、潜隐病毒和烟草花叶病毒，以前两种发生普遍、危害严重。

(1)发病症状 我国甘薯病毒病症状与毒原种类、甘薯品种、生育阶段及环境条件有关。可分六种类型。

①叶片褪绿斑点型 苗期及发病初期叶片产生明脉或轻微褪绿半透明斑，生长后期，斑点四周变为紫褐色或形成紫环斑，多数品种沿叶脉形成紫色羽状纹。

②花叶型 苗期染病初期叶脉呈网状透明，后沿叶脉形成黄绿相间的不规则花叶斑纹。

③卷叶型 叶片边缘上卷，严重时卷成杯状。

④叶片皱缩型 病苗叶片少，叶缘不整齐或扭曲，有与中脉平行的褪绿半透明斑。

⑤叶片黄化型 叶片呈黄色及形成网状黄脉。

⑥薯块龟裂型 薯块上产生黑褐色或黄褐色龟裂纹，排列成横带状或贮藏后内部薯肉木栓化，剖开病薯可见肉质部具黄褐色斑块。

(2)传播途径

①初侵染来源 病毒是以种薯带毒为主。种薯带毒使苗床薯苗发病，因此种薯、种苗是田间病毒病发病的主要侵染来源。

②传播　远距离传播主要通过带病种薯、种苗的调运而传播。田间主要通过蚜虫传播。烟草花叶病毒主要通过人工操作经汁液传播，如苗床上拔苗及大田管理均可传播。桃蚜、豆蚜、苹果黄蚜和棉蚜等都可传播，其中以桃蚜、豆蚜传毒能力最强。带病种苗移栽作为田间的毒源中心病株，随蚜虫在田间的取食活动而将病毒逐渐向四周扩展，使病害逐渐加重。

(3)发病条件　甘薯病毒病的发生发展与种薯带毒率及气候条件有密切关系。

凡上年病毒病发生严重，甘薯带毒率高，种苗带毒也高的地块，田间发病率也高。

气候条件主要影响蚜虫的取食活动。凡移栽后短期内气候干旱，返苗慢，生长势弱，发病重，干旱对蚜虫取食活动有利，传毒概率高，发病重。而气候湿润、返苗快、生长势强，症状轻微，蚜虫活动也受到抑制，发病轻。

目前尚无免疫品种，抗病品种也较少。徐薯18、鲁薯7号和鲁薯8号等为耐病品种。

(4)防治方法

①农业防治　精选无病种薯、培育无病壮苗，包括在无病地、无病株留种，苗床上严格剔除病苗等措施，压低初侵染来源。

加强管理，包括增施有机肥，促进甘薯植株生长，增加抗病力，减轻危害，结合生长季节拔除病株，及时治蚜防病，减少田间病毒的再侵染。

②种植脱毒种薯种苗　脱毒甘薯是防治甘薯病毒病最经济有效的途径，是当前甘薯生产中最有效的增产措施。甘薯是无性繁殖作物，感染病毒后会经种薯种苗代代相传，病毒含量会逐渐增加而使甘薯品种退化减产，但病毒在甘薯植株上

分布是不均匀的，经检测发现植株茎尖不带毒或带毒量少。利用甘薯茎尖进行离体组织培养，结合病毒检测，就可以获得无病毒的甘薯植株。

59. 如何识别与防治甘薯软腐病？

甘薯软腐病俗称水烂。全国各甘薯生产区均有发生，是采收及贮藏期的重要病害。

(1)发病症状　薯块染病，初在薯块表面长出灰白色霉，后变暗色或黑色，病组织变为淡褐色水浸状，逐渐在病部表面长出大量灰黑色菌丝及孢子囊，黑色霉毛污染周围病薯，形成一大片霉毛，接着病情迅速扩展，约 2～3 天整个薯块即呈软腐状，发出恶臭味。

(2)传播途径　该菌存在于空气中或附着在被害薯块上在贮藏窖越冬，由伤口侵入。病部产生孢子囊借气流传播进行再侵染，薯块有伤口或受冻易发病。发病适温15℃～25℃，相对湿度 76％～86％；气温 29℃～33℃，相对湿度高于 95％时不利于孢子形成及萌发，但利于薯块愈伤组织形成，因此发病轻。

(3)防治方法

①适时收获，避免冻害　夏薯应在霜降前后收完，春薯应在立冬前收完。收薯宜选晴天，轻刨、轻装、轻卸，避免薯块出现伤口。

②入窖前的处理　入窖前精选健薯，淘汰病薯，把水汽晾干后适时入窖。提倡用新窖，旧窖要清理干净，或把窖内旧土铲除露出新土，必要时用硫黄熏蒸，每立方米用硫黄 15 克。

③科学管理　对窖贮甘薯应依据甘薯生理反应及气温和窖温变化进行三个阶段管理。一是贮藏初期，即甘薯发汗期，

甘薯入窖10～28天应打开窖门换气，待窖内薯堆温度降至12℃～14℃时可把窖门关上。二是贮藏中期，即12月至翌年2月低温期，应注意保温防冻，窖温保持在10℃～14℃，不要低于10℃。三是贮藏后期，即变温期，从3月份起要经常检查窖温，及时通风或关门，使窖温保持在10℃～14℃。

60. 如何识别与防治甘薯黑痣病？

(1)发病症状 甘薯黑痣病在全国各薯区均有发生，发病初期薯块表皮形成淡褐色小斑点，然后逐渐扩大形成灰黑色和黑色不规则大病斑，并形成黑色霉层，严重时病部皱缩失水形成大小不同的纵向龟裂，使甘薯失去商品性。虽然病斑不深入组织内部，但由于表皮病变部位的不断扩大，病斑包被表皮后，甘薯失去可食性及加工性，会严重影响产量和收益。

(2)传播途径 甘薯黑痣病主要侵染甘薯块根皮层，主要由种薯、薯拐和土壤传播，该菌可在土壤中存活2年以上，也可以通过种薯、种苗寄生传播。可直接从表皮侵入，发病温度6℃～32℃，温度较高容易发病。夏、秋两季多雨，土质黏重，地势低洼，排水不良及盐碱地发病重。

(3)防治方法 甘薯黑痣病防治以防为主，当年收获后病区的病薯及残留茎叶清除出地，实行三年以上轮作；在采取选用无病种薯培育无病壮苗等预防的同时，育苗前用0.2%的多菌灵或甲基托布津有效浓度的药液，对种薯浸泡、喷洒，防止种薯种苗带病，发病地块起垄时每667平方米用1千克多菌灵或甲基托布津拌5千克细沙施于垄内进行土壤灭菌，也可在栽插时随浇水每株灌入0.2%有效浓度的多菌灵或甲基托布津有效浓度的药液250毫升。

61. 如何识别与防治甘薯瘟发病?

又名甘薯细菌性萎蔫病、烂头、发瘟。是华南地区甘薯最严重的一种病害。一般病田损失 20%,严重的甚至完全失收。

(1)发病症状

①**苗期症状** 用病薯种育苗不能出苗,或秧苗长到 1.5 米以前就凋萎。

②**薯苗症状** 带病薯苗移植到大田后,一般 10 天后出现凋萎症状,阳光猛烈时更为明显。地下部切口处变黑褐色腐烂。撕开表皮层可见到茎部的维管束呈条状变褐色或黑褐色。最后茎组织完全腐烂,只残留丝状的维管束组织。

③**成株症状** 病株根茎部腐烂,地上部茎叶凋萎,叶色暗淡无光。如果茎蔓长出不定根时,凋萎症状则不明显,但撕开茎基表皮,可见维管束变褐,地下根茎部分或全部腐烂。

④**薯块症状** 病薯在感病初期,外表无明显症状,但横切靠近茎蔓处的薯块,可见沿皮层和中柱交接处的维管束呈小斑点变褐,如果纵切薯块,则可见到维管束呈褐条状。病薯块可发出一股臭辣味。最终整个薯块烂掉。

(2)发病条件与传播途径 在温度 20℃～40℃范围内,瘟病病菌都能繁殖,以 27℃～35℃和相对湿度 80%以上生长繁衍最快,危害也最重。南方各薯区在 4 月下旬至 10 月末的高温、高湿季节,是传播发病时期,6～9 月份是发病盛期。传播媒介很广,通过病苗、病薯、带菌土、肥料和流水等都能相互交叉感染危害。瘟病菌是好气性细菌,在水田里只能生存一年左右,在旱地里可存活三年。病菌主要在薯块、薯蔓、土壤和肥料中过冬。可从切口和须根侵入危害。

(3)防治方法

①严格实施植物检疫　无病区自行留种育苗，严防从病区引进病种薯和种苗。

②选用抗病高产优质品种

③实行水旱轮作，避免连作　不能水旱轮作的可改种大豆等，但应避免与番茄、烟草等作物轮作。

④培育无病种苗　应在无病田块上育苗，不用带有病菌的土杂肥做酿热物和基肥，并加强管理，培育壮苗。

⑤加强栽培管理，注意田间卫生　发现零星病株应立即连根带泥挖起，掘坑深埋，并在发病土地上撒生石灰粉消毒。如果发病重，应适当提早收获，并把病薯病蔓就地集中晒干烧毁。

62. 如何识别与防治甘薯蔓割病？

(1)发病症状　甘薯蔓割病又叫甘薯枯萎病、甘薯萎蔫病等。全国各甘薯产区均有发生。是一种维管束病，发病部位在主蔓基部。受害植株茎部膨大，纵向爆裂，裂开的部位呈纤维状，露出髓部，维管束变黑。先是叶片发黄，在病株爆裂后逐渐枯死。

(2)传播途径　病菌以菌丝和厚垣孢子在病薯内或附着在遗留于土中的病株残体上越冬，为初侵染源。病菌从伤口侵入，沿导管蔓延，病薯和病苗是远距离传播的途径，流水和耕作是近距离传播的途径。土温27℃～30℃，雨量大，次数多时，有利于病害流行，连作地、沙土和砂壤土发病较重。

(3)防治方法

①培育无病健苗　选用无病种薯和薯苗，开辟新苗地。

②实行轮作　重病区或田块与水稻、大豆、玉米等实行三

年以上轮作。

③药剂浸种　在育苗和大田扦插时，用70%甲基托布津700倍液或50%多菌灵500倍液将全株薯苗在药液中浸渍5分钟，沥干后种植。

④选用抗病品种　如南薯88、徐薯18等。

63. 如何识别与防治甘薯丛枝病？

(1)发病症状　主蔓萎缩变矮，侧枝丛生，叶色浅黄，叶片薄且细小、缺刻增多。侧根、须根细小，繁多。苗期染病结薯小或不结薯；中后期染病薯块小且干瘪，薯皮粗糙或生有突起物，颜色变深。病薯块一般煮不烂，失去食用价值。目前在福建省、台湾省甘薯早期染病可致绝收，中后期染病产量低、质量差。

(2)传播途径　病蔓、病薯上的病毒或类菌原体是初侵染源。干旱瘠薄地、连作地和早栽地发病重。

(3)防治方法

①农业防治　实行轮作，施用酵素菌沤制的堆肥或腐熟有机肥，增施钾肥，适时灌水，促进植株健壮生长，增强抗病力。甘薯与大豆、花生套种防效明显。

②加强检疫　可截住病源，控制疫区，严防该病传播蔓延。

③选用抗病品种　选用汕头红、同薯8号、禺北白、湖北种、红心新爪湾、东良1号、漳浦1号和沙捞越等较抗病的品种。建立无病留种地，培育栽植无病种薯、种苗，发现病株及时拔除，补栽无病壮苗。

④及时防治病虫害　及时防治粉虱、蚜虫和叶蝉等传毒昆虫，以利于灭虫防病。

64. 如何识别与防治甘薯紫纹羽病?

甘薯紫纹羽病,主要分布于福建、浙江、江苏、山东、河南和河北等省。

(1)发病症状 侵染根系和薯块。根系从尖端开始发病,逐渐向上发展,最后枯死。病薯块和薯拐起初为绵白色的根状菌索,后转为粉红色或褐色,最后变为紫褐色,网布的菌索密结于薯块表面,容易剥落。病薯肉自下而上、自外向内逐渐腐烂,发出酒糟气味,薯皮因包有菌膜而质地坚韧,病薯块最后成空心僵壳。

(2)传播途径 病菌以菌丝体、菌索和菌核附着在种薯表皮和土壤内越冬,为初侵染源。近距离扩展传播靠雨水、灌溉水流、带菌肥料和病残体。秋季多雨、潮湿年份发病重。连作地、沙土地和漏水地发病重。

(3)防治方法 一是在田间发现病株时及时将病株连同病土一起铲除,再用福尔马林或生石灰水消毒。收获时将病株残体集中烧毁或深埋。二是在重病田与禾本科作物实行三年以上轮作,水旱轮作最好。三是增施有机肥料,提高土壤肥力和改良土壤结构,以提高土壤保水保肥能力,增强抗病力。

65. 如何识别与防治甘薯干腐病?

甘薯干腐病是甘薯贮藏期的主要病害之一。江苏、浙江和山东等省发生普遍。由甘薯尖镰孢菌引起,严重时使全窖发病,损失严重。

(1)发病症状 甘薯干腐病侵染薯块,发生于收获初期和整个贮藏期。侵染主要在薯块两端或其他伤口开始,常与黑斑病并发。在本病单纯发生的薯块上,发病初期,薯皮不规则收缩，皮下组织呈海绵状、淡褐色，后期薯皮表面产生圆形病斑，黑褐色，稍凹陷。剖视病斑组织，上层为褐色，下层为淡褐色糠腐。染病部分与健康部分交界清晰，组织呈褐色海绵状。病部后期均表现为干腐变硬。条件适宜时，病部破裂处常产生白色或粉红色的霉层，为病菌的菌丝体及分生孢子。

(2)发病规律 病菌在种薯上和土壤中越冬，为第二年初侵染源。用病薯育苗，可直接侵染幼苗。带菌的薯苗在田间呈潜伏状态，成熟期病菌通过维管束到达薯块。发病适温为20℃～28℃，30℃以上病情停止发展。

(3)防治方法 一是要适时收获，适时入窖，避免霜害。二是要清洁薯窖，消毒灭菌。旧窖要打扫清洁，或将窖壁刨一层土，然后用硫黄熏蒸(每立方米用硫黄 15 克)。三是种用薯块入窖前用 50%甲基托布津可湿性粉剂 500～700 倍液，或用 50%多菌灵可湿性粉剂 500 倍液，浸蘸薯块 1～2 次，晾干入窖。

66. 如何识别与防治甘薯根结线虫病?

(1)发病症状 甘薯根结线虫病俗称“地瘟病”、“地黄病”。根结线虫主要为害地下部块根和根系，地上部症状是由于地下部受害后引起的。根部受害后，根系粗肿，毛根丛生，结薯少、小，薯块不整齐，多长綮根，在细根上长有一个个米粒大小的小疙瘩，形似线绳打的结。病轻的根结为单生，病重的根结相互连结成串，剥开根结可见一至数个巴梨状白色发亮小粒，即为雌虫。受害后的薯块，大致有畸形龟裂状、棒状、线状三种类型。地上部主要表现为生长停滞，节间短，叶色黄，株型直立。天气干旱，症状出现早而明显。雨季时受害，根系腐烂，但老蔓节上长出大量细根吸收营养和水分，薯蔓又开始生长；雨季过后，地上部再次呈现症状，叶片自下而上变黄脱落，严重的薯蔓局部坏死，直至全部枯萎。

(2)发病规律 甘薯根结线虫完成一代需40～56天，一年发生3～4代，可在土壤和薯块内越冬。在土壤中越冬的都是感染甘薯的二期幼虫，以30厘米深的土壤中最多。在薯块上，雌虫在皮层中越冬，在雌虫越冬处还有卵囊、卵粒，一期幼虫和感染甘薯的二期幼虫。育苗期薯苗的地下部分，带有感染甘薯的二期幼虫。甘薯根结线虫主要是由带病的种薯、种苗、土壤传播，病苗是远距离传播的主要途径，此外，流水和工具等也能传播。

(3)防治方法 一是加强检疫，查清病区，严格检疫制度，防止病种薯、种苗调运传播病害。二是建立无病留种地，方法参照甘薯茎线虫病。三是选用抗病品种。四是与花生、禾谷类作物实行2～3年轮作，防病效果明显。

67. 如何识别与防治甘薯疮痂病?

(1)发病症状 甘薯疮痂病又称缩芽病。在广东省、广西壮族自治区、福建省和浙江省南部产区发生相当普遍，个别地区为害严重，发病株率常达50%以上，除造成产量损失外，病薯中淀粉含量减少，品质降低。主要危害幼叶、芽、蔓及薯块。叶片染病后叶变形卷曲。芽、薯块染病后芽卷缩，薯块表面产生暗褐色至灰褐色小点或干斑，干燥时疮痂易脱落，残留疹状斑或疤痕，造成病斑附近的根系生长受抑，健康部分继续生长致使根变形，发病早的受害重。

(2)发病条件与传播途径 病菌以菌丝体在种薯上或随病残体在土壤中越冬。种薯和土壤均可传病，病部产生分生孢子借风雨、气流传播，由皮孔或伤口侵入，当块根表面形成木栓化组织后则难于侵入。气温25℃～28℃，连续降雨易发病。

(3)防治方法

①实施检疫　严禁从病区调运种苗，提倡种苗自留自育。

②选择良种　病区应选育和换种抗病品种，培育无病健苗。

③加强肥水管理　提供配方施肥，增施磷、钾肥，适时喷施叶面营养剂，促植株稳生稳长，增强抗性。适时适度灌水，雨后清沟排渍降湿。雨天不要翻蔓。

④药剂预防控病　药剂浸苗消毒，用70%甲基托布津或50%多菌灵可湿粉1 000倍液浸薯苗5分钟。苗床或大田发病初期喷施甲基托布津或多菌灵1 000倍液。

68. 如何识别与防治斜纹夜蛾？

(1)形态特征　斜纹夜蛾属鳞翅目，夜蛾科。又名莲纹夜蛾，幼虫叫夜盗虫、五彩虫、乌蚕和野老虎等。在我国分布极广。遍布各省、自治区，以长江流域及以南地区受害重。成虫体长14～20毫米，翅展35～40毫米，头、胸、腹均为深褐色，胸部背面有白色丛毛，腹部前数节背面中央具暗褐色丛毛。前翅灰褐色，斑纹复杂，内横线及外横线灰白色，波浪形，中间有白色条纹，在环状纹与肾状纹间，自前缘向后缘外方有三条白色斜线，故名斜纹夜蛾。后翅白色，无斑纹。前后翅常有水红色至紫红色闪光。卵扁半球形，直径0.4～0.5毫米，初产黄白色后转淡绿色，孵化前呈紫黑色。卵粒集结成3～4层的卵块，外覆灰黄色疏松的茸毛。幼虫体长35～47毫米，头部黑褐色，胸部体色因寄主和虫口密度不同而异：土黄色、青黄色、灰褐色或暗绿色，背线、亚背线及气门下线均为灰黄色及橙黄色。从中胸至第九腹节在亚背线内侧有三角形黑斑1对,其中以第一、第七和第八腹节的最大。胸足近黑色,腹足暗褐色。蛹长15～20毫米,红色,腹部背面第四至第七节近前缘处各有一个小刻点。臀棘短,有一对强大而弯曲的刺,刺的基部分开。

(2)生活习性 一年发生多代,南方无越冬现象。华北地区每年发生4～5代,长江流域发生5～6代。幼虫共6龄,4龄后为暴食期,昼伏夜出,有假死性。老熟幼虫入土化蛹,有间歇猖獗发生的特点。发育适温29℃～30℃,长江流域七八月、黄河流域八九月为害较重。世代重叠,以蛹在土中越冬。成虫把卵产在叶背,卵层呈块状,表面覆有黄色鳞毛,初孵幼虫群集于叶背取食下表皮及叶肉,低龄阶段靠吐丝下坠随风飘移传播,2～3龄后分散活动。成虫夜间活动,飞翔力强,可远距离迁飞,有趋光性、趋糖醋性。

(3)为害特点 幼虫是杂食性害虫,食叶为主,也咬食嫩茎、叶柄;大发生时,常把叶片和嫩茎吃光,造成严重损失。

(4)防治方法 一是农业防治。注意清除田间及地边杂草,灭卵及初孵幼虫。二是利用其对黑光灯和性引诱剂的趋性,在田间设胡萝卜、甘薯、豆饼混拌一起的发酵液加少量红糖和敌百虫诱集成虫。三是人工采卵或捕捉低龄幼虫。四是用药剂防治。在幼虫低龄期用药,3龄前局部发生,采取阶段防治,扑灭在暴食期之前。由于幼虫白天不出来活动,故喷药宜在傍晚进行。常用药剂有:90%敌百虫晶体,或50%敌敌畏乳油800～1 000倍液,50%马拉硫磷乳油500～800倍液,50%辛硫磷1 000倍液,20%杀灭菊酯乳油1 500～2 000倍液,20%灭幼脲Ⅰ号或Ⅲ号制剂500～1 000倍液喷雾防治,单独使用或交替使用。

69. 如何识别与防治甘薯天蛾？

(1)形态特征 成虫体长50毫米，翅展90～120毫米；体翅暗灰色；肩板有黑色纵线；腹部背面灰色，两侧各节有白色、红色和黑色3条横线，前翅内横线、中横线及外横线各为2条深棕色的尖锯齿状带，顶角有黑色斜纹；后翅有4条暗褐色横带，缘毛白色及暗褐色相杂。卵球形，直径2毫米，淡黄绿色。老熟幼虫体长50～70毫米。体色有两种：一种体背土黄色，侧面黄绿色，杂有粗大黑斑，体侧有灰白色斜纹，气孔红色，外有黑轮；另一种体色为绿色，头淡黄色，斜纹白色，尾角杏黄色。蛹长56毫米，朱红色至暗红色，口器吻状，延伸卷曲呈长椭圆形环，与体相接。翅达第四腹节末。

(2)生活习性 甘薯天蛾发生世代因地而异，东北和华北地区一年发生两代；江淮流域一年发生三四代。以蛹在土下约10厘米深处越冬。成虫有很强的飞翔能力，可以根据环境条件优劣而迁移；成虫趋光性强，尤其下半夜；成虫昼伏夜出，一般白天潜伏在草堆或薯田附近建筑物的屋檐、墙壁上、作物地和矮树丛等荫蔽处，黄昏后开始活动。卵多散产于甘薯叶背面的边缘，也可以产在叶正面和叶柄上。成虫产卵趋向于叶色深绿生长茂盛的薯田。幼虫2～3龄后取食叶片成缺刻，5龄后的幼虫食量最大。当食物缺乏时，幼虫能成群迁往邻近薯田为害，老熟的幼虫不完全都在薯田入土化蛹，也在周围作物地、路边、沟边、坟边等处入土化蛹。

甘薯天蛾成虫耐高温，夏季日平均气温29℃，最高35℃时，对其繁殖无影响，雨量偏少时，有利于其发生。幼虫耐低温能力差，若秋季骤然降温或霜期提早，能抑制最后一代的发生，并降低越冬基数。冬季翻耕可减少越冬虫口基数。

(3)为害特点　甘薯栽培的地区均可能发生。别名旋花天蛾、白薯天蛾、甘薯叶天蛾。幼虫为害甘薯的叶和嫩茎，食量很大，严重时能把甘薯叶吃光，只剩薯蔓，严重影响产量。

(4)防治方法

①农业防治　冬、春季甘薯田要适时翻耕，破坏蛹的越冬环境，增加蛹的越冬死亡率。早期结合甘薯的提蔓除草，捕杀幼虫。

②灯光诱杀　成虫有很强的趋光性，可以在成虫羽化的盛期，设置黑光灯进行诱杀，减少田间落卵量。

③化学防治　用药剂防治要掌握在3龄幼虫以前防治最佳。一是用2.5%敌百虫粉剂，每667平方米使用1.5～2千克喷粉。二是用90%敌百虫晶体800～1000倍液，或80%敌敌畏乳油2000倍液，或50%辛硫磷乳油1000倍液，每667平方米用药液75升。

70. 如何识别与防治甘薯麦蛾？

(1)形态特征　成虫体长4毫米左右，翅展18毫米，翅宽2.5毫米，体黑褐色，头顶与颜面紧贴深褐色鳞片，前翅具暗褐色混有灰黄色的鳞粉，翅和翅脉绿色，近中央有白色条纹，外缘具5个横列的小黑点，后翅暗灰白色；幼虫体长6毫米左右，头部浅黄色，躯体淡黄绿色，可见体内呈暗紫色。

(2)生活习性　甘薯麦蛾1年发生3～4代，世代重叠。该虫以蛹在田间残株和落叶中越冬，越冬蛹于6月上旬开始羽化，6月下旬在田间即见幼虫卷叶为害，8月中旬以后田间虫口密度增大，为害加重，10月份后老熟幼虫化蛹越冬。

甘薯麦蛾的成虫趋光性强，且行动活泼，白天潜伏于田间的隐蔽处，夜间交尾、产卵，卵通常散产于叶背面的叶脉之间，也有少数卵产于新芽和嫩茎上。幼虫分为 4 龄，其中 1 龄幼虫只在叶面剥食叶肉，不卷叶，但吐丝下坠；2 龄幼虫即开始吐丝做小部分卷叶，并在卷叶内取食叶肉为害；3 龄以后，幼虫的食量大增，卷叶程度也增大，且有转移为害的习性，一头幼虫从小到大能为害十几片叶子。幼虫除主要为害叶片外，也取食嫩茎和嫩梢。被害叶片，叶肉被吃尽，只留下白色的皮层，似薄膜状。发生严重时，大部分叶片的叶肉被卷食，呈现"火烧"现象，影响甘薯正常生长。甘薯植株在生长前期受害会影响营养的供应，延缓甘薯的生长，九十月份甘薯块根膨大时期，田间虫口密度增大，大量的叶片被害，光合作用降低，阻碍了薯块膨大，产量损失可达 10%以上。

(3)为害特点 甘薯麦蛾又名甘薯卷叶虫，是一种以幼虫吐丝卷叶，在卷叶内取食叶肉来进行为害的害虫。幼虫啃食新叶、幼芽形成网状，幼虫钻入芽中，虫体长大后啃食叶肉，仅剩下表皮，致被害部变白，后变褐枯萎。发生严重时仅残留叶脉。长大后把叶卷起咬成孔洞。

甘薯一般地块被害叶率为 60%～70%，严重地块达 90%以上，给甘薯的生产造成损失。严重影响品质，降低甘薯食用价值和商品价值。

(4)防治方法 根据甘薯麦蛾的发生规律和为害特点，可以农业防治为主，辅以化学防治。

①*农业防治* 一是秋后要及时清洁田园，处理残株落叶，清除杂草，消灭越冬蛹，降低田间虫源。二是田园内初见幼虫卷叶为害时，要及时捏杀新卷叶中的幼虫或摘除新卷叶。

②*化学防治* 药物防治应掌握在幼虫发生初期施药，喷药时间以下午 4～5 时为宜，此时防治效果较好。用 48%乐斯本乳油 1 000～1 500 倍液喷雾防治，效果可达 90%以上。

甘薯田还可选用25%杀灭菊酯乳油2000倍液，或灭杀毙乳油2000～3000倍液。

71. 如何识别与防治甘薯潜叶蛾？

(1)形态特征

①成虫　雌虫体长3.9～4.4毫米，翅展7.6毫米，雄虫体长3.5～4毫米，翅展6.9毫米，体淡灰黄色，前翅表面有杂黑色小点。头部短小，头顶有两丛向前伸出的灰黄色毛丛。触角线形，细长。胸部大，足细长，中足最为健壮，后翅均呈披针形、较短、缘毛长。

②卵　扁椭圆形，乳白色或淡黄色透明。卵壳表面有网状纹。长径0.30～0.33毫米，短径0.2～0.22毫米。

③幼虫　初孵化时黄白色，经取食变为黄绿色，体背具红褐色斑点。3龄时虫体长大，腹部有一些深浅不同的紫酱色斑块。第一对腹足较为短小。

④蛹　两端尖而体背隆起，其中胸部尤为突出。最初为淡绿色，临近羽化时变为淡灰褐色，全长4～4.6毫米。

(2)生活习性　冬季以蛹在被害叶肉或丝网上越冬，温暖地带以成虫在田间枯叶和杂草中越冬。成虫多于清晨羽化，羽化后一般从第二天夜晚交配，3～5天后在寄主植物叶背的叶脉基部产卵，卵单粒或2～6粒挤在一起，每雌虫一生产卵可达85粒，成虫喜潮湿，故常潜伏于近地面的茎叶、杂草等荫蔽处。幼虫孵化后先在叶片上爬动，并吐丝垫于叶表，使躯体不致下落，不久即蛀入叶内取食叶肉，进而蛀成一条弯曲的隧道。排泄黑粒虫粪，均匀排在隧道内。2龄时，白天钻出隧道，结网在叶背上，日落后又蛀进叶内。幼虫老熟时，爬出隧道在叶上吐丝缀叶，悬挂在丝网中央化蛹。

甘薯潜叶蛾喜温好湿，在7～10月，遇到干旱并伴有雷阵雨的情况下易发生为害。低洼地、田间荫蔽或杂草丛生，使小气候湿度增大，可加剧为害程度。温室里高温高湿的环境更适合此虫的繁殖为害。

(3)为害特点 甘薯潜叶蛾属鳞翅目潜蛾科，主要为害甘薯等旋花科植物。幼虫钻入叶内潜食叶肉，严重受害常致薯叶焦枯发红。

(4)防治方法 一是加强田间管理，及时清除落叶和杂草。低洼地应注意及时排除积水，降低湿度，以减轻虫害的发生。二是幼虫发生多时，可用90%晶体敌百虫，或0.3%高渗阿维菌素乳油1 000～1 200倍液，40%乐果乳油1 000倍液，50%辛硫磷1 000～1 500倍液喷雾防治。

72. 如何识别与防治甘薯茎螟？

(1)形态特征 甘薯茎螟，属鳞翅目，螟蛾科。别名甘薯蠹野螟、甘薯蠹蛾和甘薯藤头虫。分布于福建省、台湾省、海南省、广东省和广西壮族自治区。

①**成虫** 体长13～16毫米，翅展30～40毫米；前翅淡黄色，翅基褐色，中部有褐色呈不规则网状斑纹，近外缘处有两横线呈波状；后翅淡黄色，翅基部、臀角及翅尖端，均有褐色断续横纹，近外缘处有两横线呈波状。

②**卵** 扁平椭圆形，长约1.2毫米，初产淡绿色，后期变黄褐色，表面有小红点。

③**幼虫** 共六龄，初孵时头部黑色，体深黄色；二龄以后头部黄褐色；老熟时体长约28毫米，头部红褐色，体黄褐色稍紫，胴部第二节起每节均有12个斑点，其中背面4个斑点排成梯形，前端2个圆形，距离较窄，后端2个椭圆形，距离较

宽，在两侧气门上下左右有4个斑点，斑点隆起，各具短毛1根。

④蛹　体长约16毫米，红褐色，翅芽达第四腹节末端，后足仅越翅端，尾部有钩状毛8根。

(2)生活习性　甘薯茎螟在广东一年发生5代，少数发生4代。以老熟幼虫在冬薯茎内或残留在田间的薯块、遗藤内越冬。成虫日伏夜出，趋光性弱。羽化以晚上7～11时最盛，羽化后当晚即能交配、产卵，但以第二至第五天产卵最多。卵多数散产在叶芽、叶柄或茎上。初孵幼虫几小时后即从叶柄、叶芽或茎部钻入；或吐丝下垂，随风转移到其他株为害。从幼蔓钻入的幼虫，不久又转移到主蔓为害。一般向下蛀食，咬碎茎内组织，混杂着薯茎汁液和虫粪，粘成颗粒状，吐丝连结成串，推出堆粘在蛀孔外，此为大田检查虫害的重要特征。老熟幼虫在近土面茎部咬穿1个近圆形的羽化孔，再吐丝结一薄膜封住孔口，然后在孔口附近结白色或淡黄色薄茧化蛹。各虫态历期：成虫3～17天。卵期1～4代4～11天，第五代22～24天。幼虫期1～4代平均为27～47天，越冬代平均145天。蛹期一般10～20天。

(3)为害特点　甘薯茎螟是华南地区重要的甘薯害虫，幼虫在薯茎内部钻蛀为害，被害薯茎因连续受到刺激，逐渐膨大，形成木质化中空、纵形隆起的虫瘿。猖獗发生地区的薯株受害率可高达80%～90%。同时因虫瘿大多在藤头，虫瘿上部容易折断，造成缺株。部分幼虫也会在外露的薯块或从薯蒂侵入薯块，蛀食成隧道，影响薯块生长。

(4)防治方法

①农业防治　一是由于茎螟食性较专一，大面积轮作，对该虫有重要的抑制作用。二是清洁田园。收薯后，及时彻底

地把薯田及其周围的薯藤、坏薯集中烧毁,可减少虫源。三是选用抗虫品种。各地可因地制宜选用优良抗虫品种及分枝力强的品种,以减轻危害。

②药剂防治　薯苗移插前1～2天,用40%乐果乳剂1 000倍液,或90%敌百虫晶体1 000倍液,80%敌敌畏乳剂1 000倍液,50%杀螟硫磷乳剂500倍液喷雾杀死苗上幼虫。大田栽培期,于成虫盛期喷1次上述药剂,隔5～7天再喷1次,可杀灭初孵幼虫。

③生物防治　薯田释放红蚂蚁,可捕食虫瘿内茎螟幼虫,效果显著。

73. 如何识别与防治甘薯小象虫?

甘薯小象虫又称甘薯象甲,是国际和国内检疫性害虫,国内分布在南方甘薯产区。为害甘薯等旋花科植物。

(1)形态特征

①成虫　体长5～8毫米,体形细长如蚁。全体除触角末节、前胸和足呈橘红色外,其余均为蓝黑色而有金属光泽。头部延伸成细长的喙,状如象鼻,咀嚼式口器着生于喙的末端。膝状触角10节,雄虫触角末节呈棍棒状,雌虫则呈长卵状。前胸长为宽的2倍,在后部1/3处缩入如颈状。两鞘翅合起来呈长卵形,显著隆起。鞘翅表面具不明显的小刻点。足细长。

②卵　椭圆形,长约0.6毫米,初产时乳白色,后变淡黄色,表面有小刻点。

③幼虫　体长5～8.5毫米,呈圆筒形,两端略小,向腹面稍弯曲,头部淡褐色,胴体乳白色,胸腹足退化。

④蛹　体长4.7～5.8毫米,初乳白色,渐变黄色,腹部各

节背面有1对小突起，尾端有1对向侧下方弯曲的刺突。

(2)发生规律 甘薯小象虫在广东一年发生6～8代，有明显的世代重叠现象。主要以成虫在田间和贮藏薯块中及茎、叶、土缝等隐蔽处越冬；卵、幼虫和蛹也能在薯块中越冬。早春成虫先在过冬植物上完成1代，再转移到田间为害。成虫飞翔力弱，怕直射日光，有假死性。卵多散产在薯块的皮层下，其次是较粗的薯蔓上，产卵孔口一般盖有胶质物，每雌虫产卵30～200粒。整个幼虫期都在薯块或藤头内生活，薯块内部被幼虫蛀食成弯曲隧道，隧道内充满虫粪，由于伤口诱致病菌侵入，使受害薯块发生恶臭和苦味，老熟幼虫在隧道末端近表层处化蛹。此虫在气候温暖、土壤黏重、缺乏有机质、干燥而带酸性土壤、栽培管理粗放和连作等条件下发生较重。

(3)为害特点 成虫和幼虫均能为害，幼虫蛀食粗蔓和薯块形成隧道；成虫咬食茎、叶、幼芽、露土薯块和贮藏薯块，影响生长，并易引起病害，使受害薯块发生恶臭和苦味，不能食用或饲用。甘薯产区因此虫为害，薯块损失达5%～20%，严重的达30%以上。

(4)防治方法

①检疫措施 从虫害区调运种薯、种苗时应严格检疫，对带虫薯苗应采用溴甲烷熏蒸，每立方米用药20克，在22℃～27℃下密闭24小时。

②清洁田园，处理臭薯坏薯 收获时把好薯、坏薯分开，把臭薯、坏薯彻底清理，用以制作堆沤肥，并在肥堆撒生石灰粉，以减少越冬虫口基数。

③轮作 严重受害区用玉米、水稻和豆类等非寄主作物大面积轮作一年以上。

④防止土地龟裂 采用黏重土掺沙，沙土加泥，多施有机

肥，及时灌水等措施，防止土地龟裂，减少成虫侵入产卵为害的机会。

⑤诱杀成虫　栽插前将小薯块或茎蔓在90%敌百虫晶体1 000倍液，或40%乐果乳剂500倍液，50%杀螟松乳剂500倍液中浸24小时捞出，每667平方米均匀放置50处，上盖青草以诱杀成虫。

⑥化学防治　扦插前将薯苗在40%乐果乳剂500倍液，或50%倍硫磷乳剂500倍液，50%杀螟松乳剂500倍液中浸1分钟后，立即取出晾干扦插，有较好的保苗效果。成虫发生时，用50%甲基硫环磷乳油1 000～1 500倍液喷雾防治。

74. 如何识别与防治甘薯长足象？

甘薯长足象又叫大象虫、薯猴、硬壳蜩、铁马等。幼虫叫空心虫、食节虫、大肚虫等。甘薯长足象食性杂，成虫可为害甘薯等多种植物，幼虫仅为害甘薯等少数植物。

(1)形态特征　成虫为中型甲虫。长卵形，连同管状喙长11.9～14.1毫米。黑色或黑褐色，少数红褐色。表面有灰色、灰褐色、土黄色或红棕色鳞毛。头小，管状喙向下弯曲。复眼稍大，黑色、突出。触角发达。两鞘翅上有许多圆形粒状突起，每一鞘翅上有10条纵沟。足长，以前足最发达。卵呈圆形，淡黄色，卵壳柔软光滑。幼虫肥胖多肉，多皱褶，头小后大，头部红褐色有光。胴部初龄淡紫褐色，二三龄起变成乳白色，上生金黄色细毛。蛹近长卵形，淡黄色或淡黄褐色，背部生有许多金黄色细毛。

(2)生活习性　甘薯长足象在我国主要分布在南方。浙江省一年发生2代，福建2～3代，以成虫在岩石下、土缝内、树皮缝隙或越冬薯以及薯田附近杂草上越冬，少数以老幼虫在冬薯的虫瘿或薯藤里越冬。越冬代成虫于翌年4月上旬开始活动,5月中下旬产卵,6～7月是幼虫为害期,7月间大部分进入蛹期,7月上旬至8月中旬是1代成虫发生期;7月下旬至9月中旬是2代幼虫为害期,成虫羽化后陆续越冬。成虫善爬行、不善飞,常群集活动,有假死性。在虫瘿内刚羽化的成虫不马上出来,待体壁硬化后才从虫瘿的羽化孔爬出。成虫经2～3次交配后开始产卵,在甘薯上多产在薯茎近节处,少数产在叶柄上。产卵前用口器先咬1小孔,卵产在其中,每处1粒,一生可产卵7～75粒。成虫不耐低温,不喜潮湿,但抗饥饿力强。卵期3～7天;幼虫共4龄,历时23～35天,越冬幼虫长达150多天;蛹期4～15天;成虫寿命短的50～85天,长的270～370天。

(3)为害特点 成虫咬食嫩茎和叶柄,幼虫钻蛀薯蔓。栽插后的薯苗受害严重时,常造成死苗缺株。发生严重的地块,植株被害率可高达50%～90%,造成减产。

(4)防治方法 敌百虫粉剂750～1 000克与细土15～20千克拌均匀,撒施地表面,或与肥料混施,打垄时翻入地下,可有效地杀死幼虫。在成虫大发生时,在薯苗或薯株上用90%敌百虫晶体1 000～1 500倍液,或20%马拉硫磷1 000倍液喷雾,杀死成虫。每5天左右喷洒一次,连续2～3次,效果更好。

75. 如何识别与防治金针虫?

金针虫俗称姜虫、夹板虫、黄蚰蜒等,是重要的地下害虫。在我国,金针虫从南到北分布广泛,为害的作物种类也较多。其中广为分布而常见的有沟金针虫和细胸金针虫。沟金针虫多发生在砂壤土地区,细胸金针虫多发生在黏壤土地。以幼虫长期生活于土壤中。春季雨水多，土壤湿润有利于金针虫活动，为害重。过旱或土壤过湿（如浇水）则发生轻。

(1)生活习性 金针虫的生活史很长，因不同种类而不同，常需3～5年才能完成一代，各代以幼虫或成虫在地下越冬，越冬深度在20～85厘米。

沟金针虫适于旱地，但对土壤水分有一定的要求，其适宜的土壤湿度为15%～18%；在干旱平原，如春季雨水较多，土壤墒情较好，为害加重。

细胸金针虫不耐干燥，要求较高的土壤湿度，约为20%～25%，适于偏碱性潮湿土壤，在春雨多的年份发生重。

(2)危害特点 金针虫在地下咬食须根、主根和茎的地下部分，薯苗被害后发黄萎蔫而死，造成大量缺株。主根受害部不整齐，还能蛀入块茎和块根。

(3)防治方法

①农业防治 耕作栽培制度对金针虫发生程度也有一定的影响，一般精耕细作地区发生较轻，耕作对金针虫可有直接的机械损伤，也能将土中的蛹、休眠幼虫或成虫翻至土表，不良气候和天敌可将其杀死；在一些间作、套种面积较大的地区，由于犁耕次数较少，金针虫为害往往较重。

②化学防治 春薯栽插时，每667平方米用3%甲基异柳磷或辛硫磷颗粒剂2～3千克，对细土40～50千克配成毒土，均匀撒在穴内，少盖土后浇水栽苗。也可以每667平方米用麸皮3千克，90%敌百虫晶体30克，50%辛硫磷乳油25毫升，将饵料炒香，加适量水稀释制作毒饵，傍晚撒入刚栽苗的地块。

76. 如何识别与防治蝼蛄？

蝼蛄俗名叫拉拉蛄、拉蛄、土狗子等。在我国发生的蝼蛄主要有非洲蝼蛄和华北蝼蛄两种。蝼蛄是多食性害虫。

(1)形态特征

①成虫　体呈纺锤形，黄褐色或黑褐色，头小，复眼也很小，触角丝状、较短，口器伸向前方。前胸背板卵圆形，发达。有一对发达粗短适于开掘的前足。前翅短，仅达腹部的一半；后翅扇形，长大，折叠于前翅之下。有一对较长的尾须。

②若虫　形似成虫，头小，腹部肥大。虫体随龄期增长，体色由浅变深，翅由无到有，并逐渐长大。

③卵　椭圆形，初产时黄白色有光泽，后变黄褐色，孵化前暗紫色，略膨大。

(2)发生规律　非洲蝼蛄在江西、四川、江苏、陕南、山东等地1年发生1代；在陕北、山西、辽宁等地2年发生1代；华北蝼蛄约3年发生1代。5月中旬至6月中旬温度适中，作物正处于苗期，此期是蝼蛄为害的高峰期。9月上旬以后，天气凉爽，大批若虫和新羽化的成虫又上升到地面为害，形成第二次为害高峰。

蝼蛄在1天的活动是昼伏夜出，以晚上9～11时活动最盛，特别是在气温高、湿度较大、闷热无风的夜晚，大量出土活动。在气候凉爽的早春和晚秋，多在表土层活动，不到地面上来。白天常躲在深土层里。蝼蛄都有趋光性，对香味、酒糟和马粪等有强烈的趋性。蝼蛄喜在低湿的河岸和菜园地活动为害，高燥地不易发生。

蝼蛄生活在土中，土壤温度对其活动有很大的影响。当气温在12.5℃～19.8℃，20厘米深处地温在15.2℃～

19.9℃时，蝼蛄活动最盛，为害最严重。温度过高或过低，蝼蛄都要潜入土壤深处。在保护地内，地温较高，蝼蛄的为害也较早。

土壤湿度对蝼蛄的影响也很大。一般在10～20厘米深的土层中，土壤含水量在20%以上时，活动最盛，小于15%时，活动减弱。

蝼蛄的发生和地势及土质也有密切关系。凡是湿润、疏松、含腐殖质或有机质多的土壤或砂壤土，适于蝼蛄活动，发生多，危害重。黏土不适于蝼蛄的活动，发生较少。低洼地、水浇地发生较多，距村庄近的地块比远的地块发生多。

(3)为害特点　蝼蛄的成虫和幼虫均可在土中咬食幼芽，或把幼苗的根茎部咬断，或把根茎部咬成乱麻状，致使幼苗倒伏，凋萎而枯死。蝼蛄除咬食作物外，还在土壤表层穿行，造成纵横的隧道，使幼苗根部与土壤分离，失水而枯死。在保护地栽培的温室、大棚、温床和苗圃里，由于温度较高，蝼蛄活动早，小苗又集中，受害更严重，往往造成缺苗断垄，甚至全田毁种。

(4)防治方法　一般1平方米0.3头虫时为轻度发生，0.5头以上时为严重发生。

①栽培措施　有条件时进行水旱轮作，可淹死害虫。精耕细作、深耕细耙、不施未腐熟的农家肥等，创造不适合于害虫生存的环境条件，可减轻其发生的程度。

②毒饵诱杀　用90%敌百虫晶体0.1千克、豆饼或玉米面5千克、水5升，豆饼粉碎炒熟，敌百虫溶于水，和豆饼拌匀，即成毒饵。毒饵每667平方米用1.5千克，可撒在畦面或播种沟内，也可撒于地面上再耙入地里。在保护地内，可用上述毒饵，或用谷秕煮熟拌上敌百虫或乐果乳油，撒在蝼蛄活动

的隧道处。

③马粪或灯光诱杀　在田间挖30厘米见方、深20厘米的坑，内堆湿润马粪并盖草，每天清晨捕杀蝼蛄。有条件时，设置黑光灯诱杀蝼蛄。

④人工捕杀　早春根据蝼蛄造成的隧道虚土，查找虫窝，杀死害虫。夏季可查找卵室，消灭虫卵。

⑤药剂防治　在蝼蛄为害严重的地里，每667平方米用5%辛硫磷颗粒剂1～1.5千克，均匀撒于地面，然后耙地。也可用80%敌敌畏乳油的30倍液灌洞，杀灭成虫。

77. 如何识别与防治地老虎?

地老虎又名土蚕、地蚕、黑土蚕或黑地蚕，地老虎分布很广，各地都有发现。

(1)形态特征　幼虫灰褐色至黑褐色，体表粗糙有颗粒。老熟幼虫体长约50毫米。成虫是暗褐色的蛾子，体长约20毫米，翅展约45毫米。前翅有2对“之”字形横纹，翅中部有黑色肾形纹，外侧有3个三角形黑斑。后翅灰白色。

(2)发生规律　一年发生4～5代，以幼虫和蛹在土中越冬。一般以1代于3～6月为害春播作物最重。成虫有取食花蜜和趋光性。喜在疏松较湿的环境(鹅儿肠、清明菜等杂草上或土缝内)下产卵，初孵化的幼虫群集在心叶及幼嫩部分为害。3龄开始入土，此时食量小，4龄后食量大增，白天潜入表土，夜间四处活动，尤其在天刚亮露水多的时候为害最凶。老熟幼虫有假死习性，受惊缩成环形。

(3)为害特点　是为害极重的地下害虫，食性最杂。幼虫将幼苗近地面的基部咬断，使整株死亡，造成缺株。

(4)防治方法　一是早春消除田间四周杂草，减少地老虎产卵场所，杀死虫卵和初孵幼虫。二是疏沟排水，降低土壤湿度，形成不利于地老虎幼虫的生存环境。三是采用人工捕杀。每天清晨查苗，发现断苗后，扒开表土捕杀，连续进行5～6天。四是诱杀防治。用红糖6份、醋3份、白酒1份、水10份和90%敌百虫晶体1份调匀，在成虫发生期有诱杀效果。也可用某些发酵变酸的食物，如甘薯、烂水果等加入适量药剂，诱杀成虫。用浸湿的泡桐树叶，每667平方米甘薯地均匀放置70～90片叶诱集，翌日清晨在泡桐树叶下收集幼虫进行杀灭，也可用地老虎喜食的灰菜、刺儿菜、小旋花、苜蓿、艾蒿等杂草堆诱集地老虎幼虫。五是采用药剂防治。地老虎1～3龄幼虫抗药性差，且暴露在寄主植物或地面上，是药剂防治的适期。可选用21%灭杀毙乳油6000倍液，或2.5%溴氰菊酯乳油3000倍液，或20%杀灭菊酯乳油3000倍液，或20%菊马乳油3000倍液，或10%溴马乳油2000倍液，或90%敌百虫晶体800倍液喷杀。

78. 如何识别与防治蛴螬？

蛴螬是金龟子的幼虫，其种类有40余种。为害甘薯的主要有华北大黑鳃金龟子、东北大黑鳃金龟子、铜绿金龟子、黑皱金龟子、黄褐金龟子和豆形绒金龟子等。

(1)形态特征

①华北大黑鳃金龟子　成虫体长16～21毫米，宽8～11毫米，长椭圆形，体黑色，鞘翅上各3条纵隆纹，臀节宽大呈梯形，中沟不明显，背板平滑下伸。幼虫体长37～45毫米，头部前顶刚毛，每侧各3根成一纵列。肛门孔3裂。腹毛区有刚毛群。

②东北大黑鳃金龟子　成虫体大小和体色与华北大黑鳃

金龟子相似，鞘翅上有4条明显纵隆纹，臀板短小，近三角形，背板呈弧形下弯。幼虫体长35～45毫米，头部前顶刚毛每侧各3根成一纵列，腹毛区刚毛散生。

③铜绿金龟子　成虫体长18～21毫米，宽8～11毫米，头及鞘翅铜绿色，有光泽，两侧边缘处呈黄色，腹部黄褐色。幼虫体长30～33毫米，肛门横裂，刺毛纵向平行2列，每列由11～20根长针状刺组成。

④暗褐金龟子　成虫体长17～22毫米，宽9～12毫米，长椭圆形，体黑褐色，无光泽，全身有蓝白色细毛，鞘翅上有4条纵隆纹，两翅会合处有较宽的隆起。幼虫头部前顶刚毛，每侧各1根，位于冠缝两侧，其他特征与华北金龟子幼虫相似。

⑤黄褐金龟子　成虫体长15～18毫米，宽7～9毫米，体淡黄褐色，鞘翅密布刻点，并有3条暗色纵隆纹，腹部密生细毛。幼虫体长25～35毫米，肛门横裂，刺毛纵列2行，后段向后呈"八"字形岔开。

(2)发生规律　不同类型的金龟子世代不同，如华北大黑鳃金龟子在黄淮海地区2年完成1代；东北大黑鳃金龟子在黑龙江省2～3年完成1代；铜绿金龟子在辽宁省、安徽省以及黄淮地区每年发生1代；暗褐金龟子、黄褐金龟子在河南、河北和山东等省每年发生1代。但其发生与环境条件都有着共同的规律。

土壤湿度与蛴螬活动关系密切，土壤黏重的发生相对较重，靠近树林的田块产卵多，受害也重。金龟子类趋光性较强，并有假死性，有利于灯光诱杀。

(3)为害特点　金龟子幼虫和成虫均可为害甘薯，以幼虫为害时间最长。成虫为害甘薯的地上部幼嫩茎叶，蛴螬则为害地下部的块根和纤维根，造成缺株断垄，薯块形成伤口病菌易乘虚而入，加重田间和贮藏腐烂率。

(4)防治方法 一是春秋耕时，在犁后捡净蛴螬。二是整地时每667平方米放入3%敌蚂粉2～3千克，或用0.5千克甲基异柳磷对细土30千克做土壤处理。三是用黑光灯诱杀，或将杨柳等树枝插于田间诱杀。四是结合防治茎线虫病，栽时用3 000倍甲基异柳磷溶液灌窝。

79. 如何针对薯田杂草种类选择化学除草剂？

(1)禾本科杂草的化学防除 在禾本科杂草单生，而无莎草和阔叶草的甘薯田，可用氟乐灵、精喹禾灵和拿捕净防除。

一是每667平方米用48%氟乐灵乳油75～120毫升，对水40升，于整地后栽插甘薯前喷雾做土壤处理。注意在30℃以下的下午或傍晚用药，用药后立即栽薯秧。可将氟乐灵与扑草净混用。二是每667平方米用5%精喹禾灵乳油60～80毫升，对水50升，于杂草三叶期田间喷雾。用药时田间空气湿度要大，防除多年生杂草适当加大剂量，用药后2～3小时下雨不影响防效。三是每667平方米用12.5%拿捕净机油乳剂60～90毫升，对水40升，于禾本科杂草2～3叶期喷雾。注意喷雾均匀，空气湿度大可提高防效。以早晚施药较好，中午或高温时不宜施药。防除4～5叶期禾本科杂草每667平方米用药量加大到130毫升；防除多年生杂草时在施药量相同的情况下，间隔3周分2次施药比一次施药效果好。防止药飘移到禾本科作物上，形成药害。

(2)禾草＋莎草的化学防除 对以禾草与莎草混生而无阔叶草的薯田，可以用乙草胺防除。每667平方米用50%乙草胺乳油50～100毫升，对水40升，栽薯秧前或栽薯秧后于田间土表喷雾。要求地面湿润，无风。乙草胺对出苗杂草无效，应尽早施药，提高防效。栽薯秧后喷药宜用 0.1～1 毫米孔径的喷头。

(3)禾草＋阔叶草的化学防除 在以禾草与阔叶草混生而无莎草的甘薯田，可用草长灭药剂防除。每 667 平方米用 70%草长灭可湿性粉剂 200～250 克，对水 40 升，栽前或栽后立即喷雾。要求土壤墒情好，无风或微风，注意不能与液态化肥混用。

(4)禾草＋莎草＋阔叶草的化学防除 在这三类杂草混生的甘薯田，可用果尔和旱草灵防除。每 667 平方米用 24%果尔乳油 40～60 毫升，对水 40 升喷雾土壤表层。要求墒情好，最好有30～60 毫米的降雨。用药时精细整地，不可有大土块。下午 4 时后施药。

80. 甘薯地使用除草剂时应注意哪些问题？

栽薯秧时尽量不要翻动土层；施药后下雨可提高防效；土壤干旱时，每 667 平方米药液量(对水后)100 升；对出苗的 3 叶以下的小草也有效；不可在薯秧后用药。或每 667 平方米用 37%旱草灵乳油 70～120 毫升，对水 40 升，整地就绪后栽秧前喷雾。要求土壤墒情好。用药时要精细整地，无风或微风施药。土壤干旱时适当加大药液量。

七、甘薯收获与贮藏

81. 甘薯的大、中、小薯块是如何划分的？

大、中、小薯块分类。以250克以上的薯块为大薯，100～250克的薯块为中薯，100克以下的薯块为小薯。上薯率即以大、中薯占总薯重的百分数表示。

82. 如何确定甘薯收获适期？

甘薯是营养体，具有无限生长特性，过早收获产量低，过晚收获易受冷害不耐贮藏。在气温16℃～18℃时开始收获，气温10℃以上收完最佳。甘薯没有明显的成熟期，因收获期不同，产量、薯块品质、淀粉含量、耐藏性都有明显的差异。由于轮作倒茬、晒干制粉、食用、留种等不同需求又要求不同的收获时间，因而甘薯收获期应分别对待。从薯块生长的特点看，9月下旬至10月上旬薯块中淀粉积累已达到顶点，鲜薯产量已达到95%。10月中旬至10月下旬产量虽有增加，干物质率却有下降，因而一般正常收获期应在10月初至10月中旬。这个时期气温尚高，晒干快，干物质率高，所以是春薯晒干淀粉加工用的最好收获期。9月下旬为了腾茬种麦也可将春薯提早收获，可适时种麦，但产量要比适期收获减产10%左右。留种用甘薯为了防止早期窖温升高，病害蔓延，可在霜降以前收获(10月24～25日)，个别可在霜降后3天内收完。11月收获的甘薯因经过9℃以下低温就不能做种，贮藏后容易发生腐烂(冷害)。据试验，霜降以后10月27日收获贮藏腐烂率为7%，11月5日收获腐烂率可达21%。由此可见，收获过晚是烂窖的重要原因。立冬（11月10日）前后收获的薯种80%会在贮藏期发生腐烂。因此，甘薯收获期应根据不同要求而有先有后。

83. 甘薯收获时应注意哪些问题？

第一，不能在雨天收获甘薯，以免薯块上有较多泥土，影响商品外观；收获时要轻挖、轻装、轻运、轻卸，防止薯皮和薯块碰伤。按品种分开收获和存放。收获过程中若气温达到32℃，甘薯应在2小时之内送进屋内，以免表皮灼伤，影响外观和耐贮性。

第二，需要注意的是，收获时剔除带病的、虫咬的、破损的和水淹的薯块，在甘薯贮藏地晾晒3～4天后入窖。

84. 人工收获甘薯时应注意哪些问题？

收获高质量的甘薯是贮藏成功的关键。甘薯薯块生长在地下，而且鲜薯体积大、含水多、组织幼嫩、皮薄、容易受伤和发生冷害，收获时须格外小心。选干燥晴朗的早晨割去薯秧，在光照充足的条件下起薯。先从垄两侧去掉表土，再从两株之间下镐，起出薯块。起薯时一手把着拐子，一手抖掉泥土，然后轻轻放在身后的空白地上。薯块表层的土晒干后，即可精心挑选无伤、无病、直条、表面光滑鲜艳的薯块轻装轻卸运回。为防止薯块损伤，车板上要铺放一层薯秧。

85. 甘薯的贮藏特点和注意事项有哪些？

(1)甘薯的贮藏特点

①易感染病害　甘薯皮薄、肉嫩，水分含量高（65%～

75%)，糖分多，易碰伤，易受病菌侵害而腐烂。甘薯在贮藏期的病害主要有黑斑病、软腐病、干腐病和线虫病四种。病害的发生，主要是旧窖未经彻底消毒处理；收获时薯块未经精选，将带病、破伤、受过冷害的薯块入窖；贮藏期间管理不善等，都会引起病害发生和蔓延。

②怕热怕冷　甘薯根块对温度十分敏感，既怕热又怕冷。如果长时间处于15℃以上容易发芽，且呼吸旺盛，营养消耗大，抗病性降低。冷害是指薯块长期处于9℃以下环境，钾离子外渗，不能保持细胞正常浓度，细胞中氧化磷酸化作用受到影响，薯块新陈代谢作用受到破坏，薯窖保温差或保管不善易使薯块遭受冷害。发生生理冻害后，水溶性软果胶变为不溶性硬果胶，蒸煮时有硬心。冻害是指温度降到－1.3℃～2℃时，薯块内部细胞间隙结冰，组织被破坏而发生的伤害。受冻后正常代谢受到干扰，抗病力减弱，低温性病菌乘虚而入，温度上升时迅速腐烂。

③怕干怕湿　干害是由于窖内湿度低，薯块细胞原生质失水，造成生理萎缩，引起酶的活动失常，呼吸强度加速，有机质分解快，抵抗力弱，容易糠心或溃烂。湿度低于80%时，开始失水，出现干缩糠心现象，抗病能力大减。湿害以井窖中发生较多。贮藏初期，外界气温高，薯块呼吸旺盛，薯堆内水汽上升，在薯堆表面冷时凝结成水珠，薯块表皮受湿而腐烂。贮藏窖内如果过分潮湿(湿度饱和)，窖顶也会有水滴落在薯块上，会导致病菌繁殖，发生腐烂。

④怕闷　入窖初期气温较高，或装薯过满，或封窖过早都会使二氧化碳逐渐增加至4%～5%时，薯块呼吸作用受到抑制，易使薯块受闷，组织麻醉中毒，抗病力减弱，引发烂窖。甘薯在贮藏中，发生烂窖的原因可总结为“五害一缺”，即冷害、

冻害、湿害、干害、病害及缺氧。

(2)**贮藏过程中的注意事项** 不论使用哪种贮藏方法在贮藏中都必须遵循以下几点原则：一是贮藏前要用硫黄、福尔马林或多菌灵对贮藏空间的四周和地面消毒灭菌，挑选无病、无伤、无虫眼的薯块贮藏；二是薯块的体积不要超过贮藏空间的2/3；三是控制好贮藏间的温度、湿度和通风透气等环境因素。贮藏期可以人为地分成三个时期，前20天为前期也称"发汗期"，由于外界气温高，薯块自身生理活动等特点，呼吸较旺盛并散发出大量水分。此期管理应以注意通风散湿为主。贮藏中期为贮藏20天以后至次年的2月份，也是管理的关键时期。最适温度应保持在10℃～14℃，相对湿度85%～90%，空气中的含氧量不低于4.5%。当温度在15℃以上时薯块就容易发芽，降低了商品性；但贮藏间内温度长期低于9℃容易发生冷害，薯块内部变褐发黑，发生硬心，蒸煮不烂，且有异味，并有可能受到低温性病菌的侵入。湿度过大达到饱和时(薯块上有水滴出现)易发生黑斑病和软腐病；湿度低于80%薯块开始缺水，薯皮颜色发暗，出现干缩糠心。如果贮藏间长时间通风不好，二氧化碳浓度增加，薯块被迫进行无氧呼吸，内部积累大量酒精，会发生腐烂。次年3月份以后为贮藏后期，外界气温逐渐升高，此期重点是注意通风降温，使温度不超过15℃。

甘薯贮藏期间管理人员要特别精心，在贮藏间的不同部位分别放置温度、湿度表，并定期观察，根据不同情况采取及时有效的管理措施，达到安全贮藏的目的。

86. 甘薯贮藏方法有哪些？各有什么特点？

根据各地不同的条件，有棚窖、地窖、屋窖和民房等多种贮存方法。

(1)甘薯民房贮藏的方法 运回的甘薯不要放在露地晾晒，应直接放入贮藏房间。贮藏房间应是门窗严实、清洁卫生、取暖方便，以前存贮过甘薯的房间应用杀菌剂灭菌消毒。在房间内靠近墙壁的地方垫干净稻草或废报纸等物，将薯块精心分层码成宽80～90厘米、高90～100厘米的“薯垛”，长度依甘薯多少和房间条件而定，垛的边际部位用直条薯块精心码齐，装入箱或筐内码成垛更好。结合码垛再次剔除伤、病薯块，然后用1～2层牛皮纸或报纸、聚乙烯塑料膜等将垛盖严实。贮存环境最理想的温度条件以9℃～13℃为宜，前期由于气温高，室温可高达20℃左右，随时间推移温度开始缓慢降低，50～60天后会降到5℃～10℃，由于甘薯采收的时间已较长，生理活动降低，短时间(2～3小时)出现5℃不会对甘薯有影响，但在室内温度低于9℃时，就应注意防止继续降温。此时应当考虑采取升温和保温措施，如增加覆盖物，屋内生火等。

由于覆盖的牛皮纸等物具有一定的透性，薯垛内的湿度与80%～85%的理想湿度条件相近，垛内二氧化碳也有一定的积累，这对抑制甘薯的生理活动会有一定作用。需要食用和上市时，可以从垛的一端随时取出。并可以借此观察情况，随后立即盖好。

(2)甘薯窖贮的方法 贮藏甘薯通常采用窖贮方法。建窖应选向阳背风，干燥通风，地下水位高的高地或坡地。旧土窖须将窖墙旧土刮去一层，然后用硫黄或福尔马林熏蒸消毒。将收获后的甘薯，选无病伤的薯块装筐(箱)，在窖内堆码，或堆垛藏。为防止染病，可用1%的70%甲基托布津溶液或新科源液体保鲜剂二号浸泡薯块3分钟，捞出晾干后贮藏。甘薯入窖容量不可超过2/3，留出空间，以利通风排湿，防止“闷窖”。贮藏期调控窖内温度10℃～14℃，加强通风排湿，相对湿度控制在80%左右，防冻、防闷和防烂。甘薯贮藏期间还要用甲胺磷等剧毒鼠药防止鼠害，但要防止人中毒。工作人员下窖操作时要注意防止二氧化碳中毒。

(3)冷库贮藏的方法 将经过挑选的甘薯装箱（箱两边各开两个孔）或装筐，然后入库码垛或上架摆放，入库的甘薯先经愈伤处理，愈伤后迅速将库温降至贮藏温度12℃～15℃，即进入正常管理阶段。注意愈伤时，要洒水增湿，空气相对湿度达90%～95%，正常管理时要通风降湿，空气相对湿度保持在85%～90%。贮藏期为5～7个月。贮藏中如发现病薯应立即拣出，防止蔓延。

(4)屋窖贮藏的方法 屋窖的结构与普通房屋相似，但墙壁和屋顶很厚，四周密封，窗户对开，有加温用的火道，可进行高温愈伤处理。屋窖分大屋窖（贮甘薯10 000～50 000千克）和小屋窖两种。小屋窖窖体小，省工省料，适合农户贮藏甘薯用，一般每窖可贮甘薯1 500～3 000千克。小屋窖可利用旧屋的角落改建，也可新建，一般长2～3米，宽2～2.3米。如修建半地下式可向下挖0.7～1米，再垒墙。如修建地上式，可自地面向上垒墙，墙厚0.7～1米。也可垒成双层墙，中间填土或填碎草。墙高约2米，南边或东边留门。屋顶起脊，瓦顶或草顶皆可，顶厚约0.5米，房檐与山墙要包严，不能裂缝透风。前、后墙要留对口窗。室内建回笼火道，室外在进火口处修建煤火灶。甘薯入窖前在窖内铺荆笆或高粱秆，使薯堆不直接接触地面。薯堆中间每隔1米放一个通气筒或高粱把，堆高1.3～1.5米，上留约0.5米空间，薯堆四周不可直接靠墙。贮藏前期，如窖温过高，可在晴天开窗散热，待窖温稳定在13℃时，应注意保温。以后随气温下降加挂门帘，并堵死出气口。天气再冷时，即应生火加温，并在薯堆上盖草保温。立春后天气转暖，在晴天可适当开窗通气。整个贮藏期内要隔2～3天检查一次窖温，尤其应注意窖西北角下部易出现低温。

(5)简易地上甘薯贮存库 在很多地区仍然利用小型地下窖贮存甘薯。地下窖的缺点是湿度大、无法进行温度调节、管理困难等。计划进行大规模种植的农户要考虑建造地上库。地上库的特点是便于日常管理，容易进行高温愈合，可较好地保证薯块质量。可利用旧房子进行保温处理，具体做法是：在房子内部增加一层单砖墙，新墙与旧墙的间距保持10厘米，中间填充稻壳或泡沫板等阻热物，上部同样增加保温层，与门相对处留有小窗便于通风，最好用排气扇强制通风。门处要增加缓冲间。地上要用木棒等材料架高15厘米，避免甘薯直接接触地面。

87. 怎样进行高温愈伤处理？

甘薯在收获及入窖过程中容易受到损伤，对于干率低及可溶性糖含量高的品种受伤后愈合较慢，容易受到杂菌的感染而出现软腐病。高温处理可促进伤口愈合，减少坏、烂。同时高温处理可杀灭大部分黑斑病菌。高温愈合的具体做法是：在2～3天内将薯窖均匀加热至35℃～38℃，保持3～4天，促进伤口愈合，然后尽快将温度降至12℃～13℃。愈合过程中要注意尽量使温度均匀上升，避免局部高温伤害薯块。对于在雨季收获的甘薯进行高温处理可促进薯块的呼吸作用，释放出过多的水分，提高耐贮性。

八、甘薯的间套作

88. 常见的甘薯间套作的方式有哪几种?

甘薯是匍匐型,在低空间生长的作物,适宜和其他作物进行间作套种,能够提高资源利用率,获得更高的经济效益。在全国各地因地制宜创造了多种甘薯间套作的方式方法。一是与中高秆作物合理搭配间作套种,如小麦、玉米及幼龄果树等,要合理安排其共生期。二是与空间生长势强的作物合理搭配间作套种,如烟草、棉花等,要合理安排其公共占地比例并及时防治共生害虫。三是与蔓生的收获地上果实的或与其他收获地上部分的非蔓生作物,合理搭配间作套种,如西瓜、蔬菜等,要合理安排位置关系和共生期。

89. 怎样进行果薯间作?

果薯间作是指幼龄果园或高枝换优果园在封行之前,利用行间空闲土地和光热等资源适于间作套种的客观条件,栽种甘薯。可使同等条件下水肥、光热资源利用的协调性以及病虫杂草防治得到互补优化。在果树的水肥高投入的同时,可以提高甘薯对资源的利用率及其产量和品质。甘薯的栽培特别是保护地甘薯栽培,抑制了果树地内杂草的生长,又利于果园的保水保肥。

实行果薯间作,重点要考虑到在不影响果树正常生长发育的同时,引入甘薯栽培。甘薯的栽培既要获得高产优质高效,又要与果树生长相互协调,与常规的甘薯栽培有所不同,主要的技术内容如下。

(1)果、薯用地的合理分配 根据果树树龄和生长势,合理安排果、薯用地比例。以5米×3米规格梨树为例:新植果园1～3年果树行间除去水渠及人行道以外,有4米行间可利用。按80～100厘米起垄,可种4～5垄甘薯,随果树树冠发育,逐年缩少甘薯用地。到了果树结果初期,为了便于管理果树,甘薯只种2～3垄。因树势不同,有6～7年为适宜套作期。速生类果树如桃、杏、李子等株行距小,封行早,应减少甘薯行数。成年果树进行高枝换优时,因种植规格不同,为保证甘薯密度可适当减少甘薯行距到70厘米。适宜套作期为3～5年。

(2)深耕地、浅做沟、多施肥 在果树根系区域外适当增加耕地深度达0.3米,并增加基肥用量,在每667平方米施2立方米优质有机肥的基础上,另外加50千克($N:P_2O_5:K_2O=8:7:10$)的甘薯专用复合肥。地膜覆盖保护栽培的地块,底墒不足时,盖膜前一定要浇水造墒后再起垄盖膜。甘薯垄高20～25厘米,垄顶可适当加宽以利于根系发育。

(3)适当提高种植密度 通过稳定行距,缩小株距(20～23厘米),增加甘薯扦插密度8%～10%,发挥甘薯匍匐生长与果树直立生长相互协调的关系,协调两者地上与地下、不同高度的空间关系和不同生长高峰的时间关系,实现双高产。

(4)地膜覆盖技术 年生产单季薯采用单层覆盖,用(800～900)毫米×(0.005～0.008)毫米规格地膜全垄覆盖。早熟双季薯采用双层覆盖,双层覆盖是在单层覆盖基础上,附加支架拱棚,跨度2.7～4.5米不等。地膜覆盖不但利于保墒缓解地下水源紧张的矛盾,而且利于对病虫杂草的综合防治,是果薯间作套种的重要技术环节。

(5)品种的合理布局 早熟双季薯或果树树龄较大时，甘薯以选择速生早熟品种为主，如豫薯10(红心王)，减少共生期和甘薯生育期，利于实现双季栽培。中晚熟栽培和树龄较小的，以选择优质高产品种为主。特殊栽培依用途不同选用京薯1号至京薯7号、遗190等品种，分别按烤食型、水果型、淀粉型、保健型和饲料型等几大类的不同应用方向决定。

(6)适时收获 由于甘薯成熟和采收没有严格的时间要求，只要薯块形成并有了一定的产量就可采收。作为商品生产，根据市场信息可随时收获。果薯间作时，甘薯要注意适时早收。适时早收可以减少对果树枝条、叶片、根系的损伤，对果树起到养护作用。

90. 怎样进行瓜薯间作?

西瓜与甘薯间作是在早熟覆盖西瓜行间栽植甘薯，借助西瓜的水肥及覆膜的生态资源条件，免去很多投入，甘薯在西瓜收获后迅速生长，霜前收获，在完全不影响西瓜产量的情况下，甘薯产量可以达到同等条件下平作的产量水平或有增产。

采用甘薯与地膜西瓜接茬套种的种植方式，不但可以在地上、地下获得双高产，且能实现一膜双用，降低成本，减少白色污染;充分利用西瓜肥水投入大，剩余肥力充足的优势，使甘薯生产做到高产、高效益。地膜西瓜采用高畦，实行小拱棚育苗移栽或改良式地膜覆盖直播，甘薯套种西瓜农事安排及栽培技术和一般瓜田的完全相同。

(1)甘薯的品种选择 为了充分发挥瓜田肥水充足的优势，搭配种植的甘薯选用生长势好、产量潜力大的品种，如京薯2号、京薯4号，遗138、遗190等。栽插的薯秧要健壮、无病伤，炼苗时间长(4～7天)，挑选后分级定植。

(2)种植密度 地膜西瓜套种甘薯的密度受西瓜行距影响，每行西瓜套种一行甘薯，西瓜行距较大，为了保证甘薯密度，可缩小株距(15～20 厘米)，每 667 平方米密度为2 000～2 500 株。

(3)薯苗的栽插 甘薯秧苗栽插在西瓜地膜覆盖的范围内，距瓜苗 30～35 厘米，按合理密度计算好株距栽插后浇足水，水渗完后覆土。瓜苗墒情不足时，先覆土后压膜。结合西瓜浇水，甘薯也能洇暗水。甘薯栽插时间不十分严格，一般在瓜秧搭沟前栽上就行。西瓜旺长期正是甘薯缓苗期，适当遮荫利于甘薯缓苗。

(4)管理 甘薯与西瓜共生期间，在自然条件下与西瓜没有干扰，除了西瓜防治病虫和肥水管理外，甘薯不需另行管理，西瓜收获后立即铲除瓜秧、保护薯苗，并注意中耕除草，保护好地膜，甘薯封垄后提秧一次，同时注意防治菜青虫和造桥虫等害虫。

(5)适时收获 早熟西瓜收完后，在 7 月初以后就可根据市场行情，抢先收获甘薯。

九、甘薯保护地栽培技术

91. 甘薯地膜覆盖栽培技术的操作要点是什么？

甘薯地膜栽培增产的主要原因包括：可提早栽秧期，一般比裸地提早 20 多天，由于甘薯是无限生长作物，等于延长 20 多天生长期；地膜具有增温保墒作用，秧苗前期生长快，提早半个月左右进入封垄期；地下结薯早，在各生育时期阶段生长量均高于裸地；地上地下生长关系协调，由于地膜甘薯前期地上生长量较大，缓解了中期地上地下生长矛盾，有利于地下块根生长，从而提高了产量。

栽培要点可概括为以下几点。

(1)选用优良品种，早育早栽 选用增产潜力大，经济性状好的优良品种，育秧时间要比传统育秧时间提前 15～20 天，在春分以前上炕；栽秧时间比裸地栽秧提早 10 天左右。

(2)选沙壤土，肥力较好地块 在地温达到 15℃趁墒做垄，垄距 90～100 厘米。根据土壤养分状况，施足有机肥，补足补全各种元素，重施磷、钾肥。一般每 667 平方米要生产鲜薯 3 000 千克，要求施有机肥 5 000 千克，纯氮（N）15～20 千克，五氧化二磷（P_2O_5）10～15 千克，氧化钾（K_2O）20～30 千克，硫酸锌（$ZnSO_4$）2 千克，随做垄一次施入。

(3)覆膜栽秧，精心管理 先栽秧后覆膜，可在上午栽秧，下午覆膜，随后将秧苗从膜内抠出，并用土压严膜孔。

(4)化促化控，化学除草 在栽秧前用 ABT 生根粉（浓度为 40 毫克/升）蘸根，促进扎根，加快缓苗，提高成活率。在

7月中下旬秧苗有旺长趋势时，每隔一周喷施浓度为300毫克/升15%多效唑2～3次，控上促下。杂草危害较严重的地块，在栽秧后覆膜前用50%乙草胺乳油50～100克对水50升均匀喷于地面。

(5)加强中后期管理，适时收获 要根据秧苗长势情况，因地制宜，强化管理。对地上管理，提倡手提蔓，不翻蔓。在生长期喷施2～3次甘薯膨大素，同时加0.3%磷酸二氢钾，叶片发黄的加2%尿素；也可趁露水未干时，向叶面撒施草木灰。甘薯生长后期块根增重仍保持较快水平，一定要在初霜后，块根停止生长时收获，以利于增加产量。

92. 用四米中棚栽培甘薯的操作要点是什么?

第一，中棚一般跨度4米，高度1.2～1.5米。在纵向上每1～1.2米支撑竹板龙骨一条，塑膜紧贴龙骨并绷紧，两侧压入地下15厘米左右。埋好并踏实，龙骨间用铁丝或尼龙绳勒紧，膜上盖草帘与否，根据当地气候和栽植期早晚而定。

第二，发挥保护地对光温资源的利用效果，一般应选用早熟、高产品种，如豫薯10(又称红心王)和京薯2等。整地一般在扣棚膜前进行，结合施基肥进行平整和深翻。每667平方米地在施2 000千克优质有机肥的基础上，施(8-7-10)甘薯专用肥40～50千克。撒施后翻入地下。需要消毒、杀虫的地块，消毒剂和杀虫毒饵一并施入。同一棚内土地的平整度以保证顺利浇水、排水和起垄盖膜为度。起垄行距75厘米，垄高25厘米，顶部平坦，宽度20～25厘米。垄上覆地膜，将全垄盖严并绷紧。

第三，秧苗栽植时间，根据收获期和育苗情况决定，一般在4月中下旬为宜。从苗床取下的秧苗可以直接栽插，也可以先行假植。根据生产田地温和秧苗分级情况，先将秧苗移栽到背风向阳的暖畦中，适当浇水，早晚盖膜。进行适应性锻炼和催根，一般 3～7 天可以达到适栽标准。经假植后的秧苗，不但可以提高成活率，而且缓苗快。

第四，一般采用斜栽法或直栽法有利于保证密度。栽植密度根据品种特性和计划收获期的早晚决定，一般比普通大田增加 10%左右。秧苗栽于垄顶中间部位，破膜后栽入土中 4～5 厘米，浇水 2 次后压土封穴并将地膜破损处压严。

第五，为了促进甘薯早缓苗，栽后 3～5 天棚内温度如果不高于 35℃，一般不进行通风，以保持内部湿度。低于 13℃以下要密闭或人工加温，35℃以上要进行侧风向通风，防止冷风长驱直入。结合通风行间沟中松土，可提温并保墒。在晚霜、倒春寒完全过去后，随着外界气温的升高，逐渐加大通风口，封垄后侧面全部敞开，气温达到 30℃左右可以去掉棚膜。

第六，根据甘薯的苗情长势和土地肥力情况，在甘薯甩蔓后封垄前，在垄侧开穴追肥，每 667 平方米施专用复合肥30～40 千克，并根据墒情浇水，促进肥料溶解和防止干旱。

第七，早熟品种在保护地情况下，栽植后 65～70 天，就可以根据市场信息，抓紧收获和包装，抢先上市。

十、甘薯引种与保存

93. 甘薯品种的概念是什么?

甘薯的品种同其他作物一样,是指在生物结构上有遗传基因的一致性,栽培表现上有生物学上的稳定性,在相同的生态条件下生长发育整齐一致的一个作物群体。从经济学角度上看,品种是一个有价值的生产资料。

94. 怎样进行甘薯引种?甘薯引种应注意哪些问题?

(1)甘薯引种 甘薯引种是将外地或外国的甘薯品种引进本地,经过试种、鉴定等认定工作后,扩大应用于大面积生产的有效途径。

甘薯引种要按有关的工作程序进行,在充分搜集材料及有关情报的基础上,通过检疫、引种试验、区域试验和生产试验等来决定对材料的取舍。

甘薯引种,引进无性繁殖器官(块根、苗、茎),一般能较好地保持品种原有的优良性状;而引进杂交后的种子,后代要分离出很多品系,还要经过选择才能选出适合当地的品种。

为了引进真正的原种或优良的基因资源,以薯块、薯苗为材料时,其数量不宜过小。如果引进数量很少的个体,容易碰到恰巧是劣变或不含优良基因的材料。同一品种的不同个体之间,在遗传性和生活力方面都可能存在差异。

(2)甘薯品种引进应注意的问题 随着种植结构的调整,

甘薯正在向非传统种植区迅速推广。这些地区一般对甘薯的认识较少，盲目从外地引种会给生产带来巨大损失。成功引种一般要注意如下几个问题。

①要尽量从科研机关引种　科研机关保存的材料比较多，能够组织多点示范实验，对各品种有比较系统的评价资料，可根据生产者的具体情况推荐品种。

②不要从病区引种　目前北方甘薯主要病害是线虫病与根腐病，前者在很多地区大面积发生，严重时导致绝产。线虫病可随薯块薯苗传播，土壤带病后难以根除，且病害会逐年积累，严重影响甘薯生产。

③不要引种水分含量大的品种　含水多的品种一般鲜产较高，具有较大的欺骗性，其实用价值不大。对于兼用型品种，干物率要高于25%，鲜食型品种的干物率可放宽。

④要注意品种的适应性　甘薯品种对土质、栽培方式和气候等因素有特殊适应性，可在示范试验的基础上扩大种植，不要盲目引进。

⑤甘薯品种引进时应遵守严格的检疫制度　甘薯的很多病虫害是由种薯、种苗传播的。为了避免引种材料携带恶性病虫害，从外地或外国引入的甘薯材料必须经过严格检疫、消毒和建立一年的隔离种植圃进行观察鉴定，发现有危险性病虫害，必须立即就地封锁、销毁。

95. 长距离运输薯苗需要采取哪些安全措施？

因薯苗大多具有6～8片展开叶片，剪苗后失水较快，会造成薯苗过分萎蔫，同时叶片挤在一起湿度较高，容易造成叶片发黄腐烂。为安全运输，可在剪苗后尽快去除大部分叶片及叶柄。此项措施不仅可减少50%以上的重量，还减少了植株的表面积，增加植株间的透气性。注意存放在阴凉处，尽可能有新鲜空气进入，不要往薯苗上喷水或用湿布包裹，一般可存放 7 天时间。

96. 甘薯品种混杂与退化的原因有哪些？如何进行品种提纯与保存？

(1)甘薯品种退化的原因

①无性变异引起的退化　生产上由芽变引起的变异很多，导致蔓长、小薯多、产量下降，退化株个体表现为顶尖突出、节间长、叶稀、薯块小且细长，而正常蔓型顶尖与成叶形成平行或缩在成叶之上的形态。

②品种混杂　在收获、贮藏、运输、育种、剪苗和栽插等生产环节，不注意留种和采取必要的防杂措施，导致多个品种混在一起。

③病毒侵染　病毒侵染后可引起种性退化。

(2)品种的提纯与保存　对优良甘薯品种的提纯与保存应做到：

①严格选种留种　为了防止甘薯品种劣变、混杂和感染病毒病引起的品种的退化减产，保持良种的种性，延长使用年限，必须进行提纯选优工作。提纯就是去杂，选优就是去劣。生产单位或专业生产者，不但要重视生产，还要掌握品种的特征特性，在生产、留种和育苗等各环节中，把好选株、选薯和选苗关，依据品种的特征特性，坚决剔除退化、劣变个体。建立留种田，留种田应用的种苗应是具有本品种典型特征的植株。留种田收获的种薯，在收、运、贮和育苗的过程中，注意检查其是否具有品种的特征，从薯型、皮色、肉色及有无病症等方面，坚决剔除其中的不良个体和同株来源的所有个体，根据条件

进行单繁、单育。进入生产前的秧苗，也要严格按品种的标准对其进行选择后应用。品种的提纯工作要年年进行，由劣变、混杂、病毒等造成的退化、劣变就能被及时发现、剔除。

②防止病毒　及早彻底地防止甘薯病毒的侵染和发生，也是甘薯提纯复壮的一个重要方面。防止病毒可以有效减轻植株带毒，还可以减少病劣株的数量。

③利用脱毒薯苗　甘薯脱毒后种性得以恢复，生长旺盛，抗性增强，产量和品质提高。

97. 为什么不要对种薯使用保鲜剂等化学药剂?

保鲜剂在食用马铃薯上应用较多，现在很多地区也在甘薯上推广应用。一般保鲜剂的主要功能是抑制萌芽，保持水分，改善商品外观。有些地方在种薯上使用保鲜剂而造成萌芽少甚至不萌芽，薯块在苗床上大量坏烂等情况。因此，在不了解保鲜剂的功能及成分时不要应用于种薯。

十一、脱毒薯苗的生产与繁育

98. 应用脱毒甘薯苗的原理及意义是什么?

(1)脱毒甘薯苗的原理

第一,植物病毒是仅次于真菌的主要病原物,危害性很大,甘薯病毒与植株细胞质共存于细胞中,难以用药物进行防治。现已查明侵染甘薯的病毒主要有甘薯羽状斑驳病毒和甘薯潜隐病毒以及烟草花叶病毒等。甘薯系无性繁殖作物,长期通过秧蔓、薯块进行繁殖,极易感染病毒。病毒侵入甘薯植株体内,改变了细胞的代谢途径,使正常的生理功能受到干扰和破坏,造成种性退化,抗性降低。病毒侵染并在甘薯体内不断积累,病株地上部分表现为花叶、皱缩、卷叶、黄化、叶子变小,老叶上出现紫色边缘的褪绿斑,也有的沿叶脉形成紫色羽状斑纹,长势减弱,秧蔓变细变长。地下部分,薯块变小,表面粗糙,有的发生褐色纵裂,排成横带状,也有的在薯块内部形成褐色的内木栓,品种性能劣变,造成产量和品质下降。

第二,目前,甘薯病毒病缺乏有效的防治药剂,生产中也缺少高抗或免疫的甘薯品种。防治甘薯病毒病最有效的途径是培育、推广脱毒甘薯苗。

第三,甘薯脱毒是利用组织培养技术,采取茎尖剥离,通过茎尖分生组织离体培养的方法来获取无病毒试管苗。脱毒甘薯苗是生物技术与病毒学技术相结合的产物。其原理是根据病毒在植物体内的运转及分布的特点和规律,采取生物技术措施达到脱除病毒的目的。病毒在植物体内的运转有两种方式，一种是通过胞间连丝运转，速度很慢，难以追上活跃生长的茎尖分生组织。另一种是随着营养物质流在维管束系统运转，速度很快，但因茎尖分生组织中维管束系尚未形成，病毒颗粒不易通过，分生组织不断地分生，使病毒距生长点总保持着一定的距离，因此可以认为茎尖分生组织是不带或基本不带病毒的。另一方面，在旺盛生长的分生细胞中，代谢很活跃，病毒无法复制，而且在生长点存在着高水平的内源生长素，可抑制病毒的复制。正是由于以上特点，利用甘薯茎尖进行离体组织培养，结合病毒检测，就可以获得无病毒的甘薯种苗。

(2)应用脱毒薯苗的意义 甘薯在开放种植时会感染病毒，病毒浓度逐年积累，导致产量下降，品质变劣。病毒病是引起甘薯品种退化的主要因素。脱毒薯的诞生是从茎尖组织培养开始，经诱导成苗，病毒鉴定，隔离繁殖而繁殖出能够脱毒的种苗。脱毒甘薯的生产力得到恢复，产量与品质有不同程度地提高。甘薯脱毒后恢复种性，营养生长旺盛，分枝增多，叶面积增大，光合速率提高；产量构成性状明显变化，结薯早且多，薯块膨大早且快，薯块整齐，皮色鲜艳；商品价值提高，能够实现优质高产的目的。抗性增强，在培育甘薯茎尖试管苗的过程中不仅脱除了病毒，而且也同时脱去了多种真菌、细菌、线虫等病原，使甘薯黑斑病、黑痣病、茎线虫病等得到杜绝或明显降低。脱毒后营养生长增强，需肥量(特别是氮肥)减少。因而对农药、化肥需用量都降低了，既减少了田间污染，又降低了生产成本。甘薯脱毒后没有改变原品种的特性，因此栽培技术与普通甘薯大体相同，没有明显差别。

脱毒薯苗茎节上产生的不定根明显减少，脱毒薯苗的须根、柴根也较少，收获时几乎看不到棒状根。甘薯脱毒种苗具有发棵早、分枝多、地上部长势旺、薯苗成薯率高、分布集中，薯块表皮光滑平整、皮色纯正，产量高，品质佳，效益好等特点，一般增产20%～30%。

99. 脱毒薯苗的生产过程有哪些环节？其中的病毒检测程序是怎样的？

(1)生产脱毒甘薯苗的过程 脱毒甘薯苗的生产过程包括优良品种筛选、茎尖苗培育、病毒检测、优良茎尖苗株系评选、高级脱毒试管苗速繁、原原种、原种和良种种薯及种苗的繁殖等八个环节。每个环节都有严格的要求，最终目的是保证各级种薯的质量，充分发挥脱毒甘薯的增产潜力。

(2)脱毒薯苗的病毒检测程序 茎尖分生组织培养得到的茎尖苗并不都是脱毒苗，只有部分苗不含病毒，是脱毒苗；茎尖苗必须经过严格的病毒检测确认不带病毒后才是脱毒茎尖苗。茎尖苗的检测，首先采取目测法淘汰弱苗和显症苗，然后再用血清学方法或分子生物学方法进行筛选。经血清学或分子生物学方法检测呈阴性的样品再进行指示植物嫁接检测。

100. 脱毒种薯分为哪几级？

(1)原原种(苗) 用茎尖组织培养结合病毒检测技术获得的无毒试管苗，在防蚜温室和网室内生产的薯块称为原原种。用原原种在防蚜网室内育出的薯苗为原原种(苗)。

(2)原种(苗) 用原原种苗(或试管苗)在一定的空间隔离条件下生产的薯块称为原种。原种育出的薯苗为原种苗。

(3)生产种(苗) 用原种苗在大田条件下生产的薯块称为生产种。生产种育出的薯苗称为生产种苗。生产种主要用于大田生产，一般在使用1～2年后便需更换种薯。

附录　甘薯优良品种介绍

1. 徐薯 23

食用型品种。

品种来源　徐薯 23 是中国农业科学院徐州甘薯研究所在以优质育种材料 p616-23 为母本，高产红心优质品种烟薯 27 为父本的杂种实生苗中，选育出来的优质食用型甘薯新品种。2004 年 3 月通过全国农技推广中心组织的鉴定，2005 年通过江苏省农作物品种审定委员会审定并定名。

产量较高，红皮黄心，熟食干面香甜、味佳，加工食品色泽鲜艳，商品价值高，是一个适合作为绿色保健食品直接食用或食品加工用的甘薯新品种。

品种特征　顶叶深紫色、叶绿色，叶脉紫色，茎绿带紫色，叶片尖心、戟形，蔓长中等，平均蔓长 150～180 厘米，分枝数多，单株分枝数 10 个左右。薯块长筒形，单株结薯 4～5 个，萌芽性较好，出苗多，薯苗健壮，地上部长势较强。薯皮土红色，薯肉橘黄色，结薯较集中，大、中薯率 70%左右。

栽培技术要点　徐薯 23 萌芽性好，排种量可适当控制在每平方米 20 千克左右，及时剪苗以利于培育壮苗。徐薯 23 地上部长势旺，要合理施用氮肥，适当增施磷、钾肥，避免茎叶旺长影响薯块产量，叶面积指数最好控制在 5 左右。

徐薯 23 大、中薯率高，薯块较长，可适当增施有机肥，促进薯块膨大，提高商品价值。

适宜地区　适宜在平原肥水条件较好的地区种植，相对抗旱性较弱，特殊干旱时节要及时隔垄浇水以确保优质高产。中等肥力土壤，春薯每667平方米种植3 500～3 800株为宜，一般适栽期为4月底至5月初，保护地(大中棚)栽培可以前推到4月上旬栽植。为了发挥结薯集中的特点，秧苗宜采用船底形栽插的方式，促进节位发生不定根，集中均衡结薯。夏薯力争早栽，每667平方米以种植3 600～4 000株为宜。

徐薯23在生茬地上栽培可以更好地发挥品种优质高产特性，在重茬地上栽培应施足基肥、覆盖薄膜并注意土壤消毒，预防茎线虫和根腐病的发生。

2. 徐薯43-14

食用型品种。

品种来源 由江苏徐州甘薯研究中心等单位以AIS35-2为母本、徐薯18为父本选育的甘薯新品种。1994年通过山东省农作物品种审定委员会审定，1998年通过国家农作物品种审定委员会审定。

品种特性 该品种属中熟品种，植株匍匐，蔓中等偏长，叶片心脏形，顶叶绿色，薯块纺锤形，薯皮紫红色，薯肉橘红色，食味优良。烘干率29%，每100克鲜薯含胡萝卜素2.6毫克。耐贮藏，抗根腐病，不抗茎线虫病和黑斑病。鲜薯每667平方米产量在2 500千克左右，比对照徐薯18增产18%左右。

栽培技术要点 培育壮苗，及时防治地下害虫，保持薯形美观。春薯每667平方米栽插3 500株、夏薯每667平方米栽插3 500～4 000株。注意防治黑斑病。

适宜地区 作春、夏薯在北方和长江中下游薯区做食用或食品加工使用的品种栽培。不宜在茎线虫病区推广。

3. 徐薯 55-2

食用型品种。

品种来源 由徐州地区农业科学研究所于 1995 年从苏薯 6 号与萨摩光的杂交组合中选出。

品种特性 该品系表现淡紫红色茎尖，叶片绿色、心形，薯蔓生长势较强。薯皮为紫红色，黄色薯肉，纺锤形薯块，薯皮光滑，薯形美观，大、中薯率高，干物率略高于徐薯 18，夏薯每 667 平方米鲜产一般在 2 250～2 500 千克。该品系熟食口感好，味正，纤维素少，耐贮性好，是比较突出的优质食用品种，可用来进行高档商品薯开发。

栽培技术要点 徐薯 55-2 出苗量中等，苗壮，较耐肥水，抗病性差，适合在无病、土质疏松的田块种植。

4. 徐薯 18

淀粉型品种。

品种来源 原系号 73-2518，系徐州地区农业科学研究所 1972 年用新大紫为母本、52-45 为父本杂交选育而成的。

品种特性 顶叶和叶片均为绿色，叶脉、叶脉基部和叶柄基部均为紫色，叶心带齿或浅单缺刻。蔓长中等，中、基部绿色带紫，分枝数较多，薯块长纺锤形或圆筒形，薯皮紫红，肉黄白色。薯块综合性状好，表现在萌芽性好，出薯早而多，长势旺，茎叶前期生长较快，中期稳长，后期不早衰。耐旱、耐瘠、耐湿性较强，不择土质，适应性广，春、夏种植都能增产。抗逆性强，高抗根腐病，较抗蔓割病，但对黑斑病和茎线虫病抗性差。结薯较早而且集中，单株结薯 5 个左右，大薯率高，生长中期膨大，后劲足。烘干率 26%～30%，比胜利 100 号品种高4%左右，食味中等。鲜薯耐贮藏。

产量表现 一般每667平方米产鲜薯2 000千克左右，小面积高产可达4 000千克以上，春、夏薯比胜利100号增产近40%，薯干增产55.3%。已在华北、华中、华东及西南的四川等地大面积种植，是我国自育品种中推广面积最大的良种。

栽培技术要点 在丘陵、山地和平原都能适应，春季、夏季和秋季均可栽种。春栽每667平方米适宜栽插3 000～3 500株，夏栽每667平方米适宜栽插4 000株，秋栽密度可适当加大。平原较肥沃土地，施肥不宜过多，防止旺长。抗黑斑病性能差，生产中要采取综合防治措施。在茎线虫病发生地区不宜种植。

5. 冀薯98(冀17-4)

淀粉型品种。

品种来源 冀21-2/Y-6。品种鉴定编号：国鉴薯2004003。选育单位：河北省农林科学院粮油作物研究所。2004年通过国家甘薯品种鉴定委员会审定，适宜在北方薯区各省春、夏薯区推广种植。

品种特性 叶心形带浅齿，叶片大小中等，顶叶和成熟叶浅绿色，叶脉淡紫色。薯块纺锤形，薯皮深红色，薯肉浅黄色。长蔓，蔓粗中等，分枝较少。结薯整齐集中，单株结薯数5～7个，大、中薯率中等。薯块耐贮藏，萌芽性好，长势稳健，薯块膨大早。抗黑斑病，中抗根腐病，不抗茎线虫病。干物率30.2%，淀粉含量18.3%，熟食品质中上等。

产量表现 2002～2003年北方区试平均每667平方米产鲜薯2 070.06千克，比对照徐薯18增产22.35%，每667平方米产薯干624.23千克，比对照徐薯18增产33.8%，干物率比对照高 2.71%。

栽培技术要点 春、夏薯适期早栽，中等肥力每 667 平方米栽插春薯 2 500～3 000 株，在旱薄地春薯或中等肥力夏薯每 667 平方米栽插 3 500～4 000 株。增施基肥和有机肥，化肥以钾、磷肥为主，后期视长势补充追肥。育苗前期催芽温度 30℃～32℃为宜。适时收获，霜降以前收获入窖，安全贮藏温度 11℃～13℃。在无茎线虫地块种植，病地注意防治线虫病。

6. 济薯 15 号

淀粉型品种。

品种来源 济薯 15 号是山东省农业科学院作物研究所采用本所创新的优异中间材料(母本为济 85003，父本为济 78268)配制杂交组合选育而成的高产、抗病和专用型甘薯新品种，2001 年 8 月通过全国农作物品种审定委员会审定并定名。

品种特性 该品种顶叶淡绿色，叶浓绿色，叶脉绿，脉基紫色，叶片稍小，呈心脏形。蔓短、绿色、分枝多，株型半直立。薯块呈纺锤形，薯皮红色，薯肉微黄色，薯块整齐。在 2000 年甘薯新品种全国北方区域生产试验中，平均 667 平方米产鲜薯 1 620.1 千克，较徐薯 18 增产 13.04%。薯干平均 667 平方米产量为 492.3 千克，较徐薯 18 增产 21.3%。平均干物率为 30.2%，较徐薯 18 高 2.1%。淀粉含量为 24%。济薯 15 号高抗根腐病和黑斑病，抗茎线虫病。

栽培技术要点 济薯 15 号育苗萌芽性较好，出苗多。为培育壮苗，育苗时宜稀排种，以每平方米排种 25 千克左右为宜。出苗后平温长苗、低温炼苗，培育壮苗。济薯 15 号蔓短，宜密植。一般山陵地每 667 平方米栽插 4 500～5 000 株，平原地区栽插时，每 667 平方米旱地以种植 4 000 株为宜。济薯 15 号抗旱、较耐瘠薄、抗病性强，适宜在山区丘陵、平原旱地及广大薯区推广种植。

7. 北京 553

烘烤型品种。

品种来源 又名华北 553，原系号 50-553，由原华北农业科学研究所于 1950 年从胜利百号放任授粉的杂交后代中育成，是目前我国各大城市烘烤甘薯的当家品种。

品种特性 顶叶紫色，叶形浅裂复缺刻，叶片大小中等，叶脉淡紫，脉基和柄基紫色。茎为紫红色，茎顶端茸毛少，基部分枝较多。薯块长纺锤形至下膨纺锤形。薯皮黄褐色，薯肉杏黄色。耐肥、耐湿性较强，耐旱、耐瘠性较差，高抗根腐病，较抗茎线虫病和黑斑病，感根腐病，贮藏性较差，易感软腐病。薯块水分较大，生食脆甜多汁，烘烤后食味软甜爽口。一般春薯每 667 平方米产量 3 000 千克，夏薯产量 2 000 千克。该品种作为烘烤食用开发前景好。

栽培技术要点 适应性广，不择土壤，宜选留中、小薯块育苗，适当增加排种量，施足基肥。每 667 平方米春薯栽插 3 000～3 500 株，春薯栽插 4 000 株。

8. 宁薯 192

烘烤型品种。

品种来源 苏薯 5 号/苏薯 4 号。品种鉴定编号：国鉴薯 2003003。选育单位：江苏省农业科学院粮食作物研究所。

品种特性 长蔓型。顶叶绿色、叶脉淡紫色，叶片心脏形，叶和茎均为绿色。单株分枝数6～8个。单株结薯数3个左右。薯形下膨纺锤形，薯皮淡红色，薯肉橘红色。结薯早且整齐，大、中薯率高。干物率23.9%左右，淀粉率为11.8%。每100克鲜薯含胡萝卜素3.23毫克。中抗根腐病。薯肉质地细，纤维少，味淡，水分较多，烘烤品质佳。

产量表现 2000～2001年长江流域薯区品种区域试验结果，平均每667平方米产鲜薯2786千克，比对照品种南薯88增产29.17%，平均每667平方米产薯干668.1千克，比对照品种南薯88增产14.28%。干物率为23.9%，大、中薯率为92.1%。

栽培技术要点 每667平方米栽插春薯3300～3500株，种植夏薯3500～3800株。施足基肥，肥料以复合肥为佳，施用量每667平方米25千克左右。适宜在长江流域薯区做春、夏薯栽培。

9. 福薯7-6

茎尖菜用型品种。

品种来源 1991年以"白胜"为母本杂交选育而成。品种鉴定编号：国鉴薯2005001。选育单位：福建省农业科学院耕作所。2003年1月通过福建省农作物品种审定委员会审定。

品种特性 叶片心脏形。顶叶、叶色、叶脉及叶柄均为绿色。短蔓，茎绿色，基部淡紫色，基部分枝10个左右，株型半直立。结薯习性好，单株结薯3个左右，薯块纺锤形。粉红皮，橘黄肉，薯块萌芽性好。每100克鲜嫩茎叶(鲜基)维生素C含量14.87毫克，粗蛋白质(烘干基)30.8%，粗脂肪(烘干基)5.6%，粗纤维(烘干基)14.2%，水溶性总糖(鲜基)

0.06%。茎叶食味优良，抗疮痂病，不抗蔓割病。

产量表现　2003～2004 年参加国家甘薯叶菜型新品种区试。2003 年 6 次采摘平均每 667 平方米产茎尖 705.5 千克，比对照台农 71 减产 2.2%。食味鉴定综合评分 4.03 分，居参试品种首位。2004 年 6 次采摘平均每 667 平方米产茎尖 1 965 千克，比对照台农 71 减产 0.37%。食味鉴定综合评分 4.06 分，居参试品种第二位。两年平均每 667 平方米茎尖产量为 1 335.25 千克，比台农 71 减产 0.87%。2004 年参加生产试验，三点平均每 667 平方米茎尖产量为 1 754.2 千克，比对照增产 14.8%。

栽培技术要点　畦作，株行距 20 厘米×18 厘米，每 667 平方米栽插 1.8 万株左右。缓苗后打顶促进分枝，春、夏季种植要注意及时采摘和浇水保湿，秋、冬季种植要注意盖膜保温。建议在福建省、北京市、河南省、江苏省、四川省、广东省和广西壮族自治区非蔓割病重发区做叶菜用品种种植。

10. 台农 71

茎尖菜用型品种。台湾地区菜用型甘薯的主栽品种。

品种特性　茎叶绿色，无茸毛，叶柄短，茎尖突出，分枝能力强，喜好肥水及高温，薯皮白色，薯块产量低。通常采集约 10 厘米长茎尖做菜用，可循环采摘，食味优于木耳菜及空心菜，适宜在城市郊区作为稀特蔬菜种植。

11. 济薯 18 号

紫肉食用型、色素型品种。

品种来源　济薯 18 号是山东省农业科学院 2002 年新育成的紫黑色甘薯品种。以徐薯 18 为母本，以国外 37 个甘薯品种群体、放任授粉选育而成。

品种特性 叶色绿，茎紫色，分枝5～6条，长1.5米左右，生长势强。薯块长纺锤形，整齐美观，表皮光滑鲜艳，商品率高达90%以上。结薯早而集中，鲜薯产量高，每667平方米产春薯2000～2500千克，夏薯2000千克左右，比徐薯18增产30%以上，比美国黑薯、日本山川紫增产1倍以上，是当前黑薯系列中产量最高的品种之一。薯皮紫红色（似美国黑薯），肉紫黑色，烘干率33%左右，淀粉含量20%～21%，肉质细腻，食味香甜糯，富含抗癌物质硒、碘元素。

栽培技术要点 济薯18号属早熟品种，早春盖膜栽培，7月底至8月中旬即可收获上市。高抗根腐病。中抗茎线虫病，耐旱耐瘠耐大肥，适宜各种气候及土壤条件种植。一般肥水条件每667平方米栽春薯3000株左右，夏薯3500～4000株。

济薯18号可用于生产天然花青素，又是极好的鲜食保健品种。

12. 徐紫1号

紫肉食用型、色素型品种。

品种来源 由江苏徐州甘薯研究中心以日本红东为母本，国际热带作物研究所品种TIB10为父本进行杂交育成的紫心甘薯品种。原系号97-95-6。2004年3月通过江苏省农作物品种审定委员会审定。

品种特性 顶叶及成叶均为绿色，茎绿色带紫，叶脉紫色。中长蔓型，地上部长势强、光合势强，单株分枝5～8个。薯块纺锤形，薯皮红色，薯肉紫色。结薯较集中，商品率高，种薯萌芽性好，出苗多。徐紫1号抗茎线虫病，中抗根腐病和黑斑病。每 100 克鲜薯含花青素 8 毫克。粗蛋白质含量 3.905%,干物率 30.69%。

栽培技术要点 徐紫 1 号萌芽性好,每平方米育苗排种量在 25 千克左右,及时剪苗以利于培育下茬壮苗。

紫薯 1 号地上部长势旺,要合理施用氮肥,提倡增施腐熟好的有机肥。施用化肥,氮、磷、钾肥配合比例以 2∶1∶3 较合适,为避免茎叶旺长影响薯块产量,最大叶面积指数控制在 5 左右。出现茎叶旺长趋势时可以每 667 平方米用 5 克多效唑对水 40 升叶面喷施。

紫薯 1 号大、中薯块率高,可以适当增加密度,以每 667 平方米栽插 3 500~3 600 株为宜,以利于增加中薯块比率,提高商品率。耐涝性差,要注意排涝降湿。同时为了使茎叶营养充分输送到块根,提高产量,提倡适当晚收,但不能迟于初霜期。

13. 宁紫薯 1 号(宁 P-4)

紫肉食用型、色素型品种。

品种来源 从宁 97-23 为母本的混合授粉的杂交后代中选育而成。品种鉴定编号:国鉴薯 2005007。选育单位:江苏省农业科学院粮食作物研究所。

品种特性 叶绿色带紫边,叶心脏形,叶脉绿色。长蔓,茎绿色,基部分枝 6~8 个。单株结薯 5 个左右,薯块长纺锤形,紫红色皮紫肉,薯块萌芽性好。夏薯薯块干物率 27.27%,花青素含量为 22.4 毫克/100 克,总可溶性糖含量为 5.6% 。抗根腐病,不抗黑斑病。

产量表现 2004 年参加全国生产试验,平均每 667 平方米产鲜薯 1 932.3 千克,比对照徐薯 18 增产 6.85%,每 667

平方米产薯干 523.3 千克，比徐薯 18 增产 7.35%。

栽培技术要点 每 667 平方米栽插春薯 3 300～3 500 株，夏薯 3 500～3 800 株。基肥以复合肥为佳，施用量每 667 平方米 40 千克左右。防止渍害，栽前使用除草剂(旱草灵或乙草胺)防草害。适宜在江苏省、河北省、山东省、湖北省、湖南省、广东省和广西壮族自治区作紫肉食用型甘薯品种种植。

14. 苏薯 9

兼用型品种。

品种来源 苏薯 2 号/济薯 10 号。品种审定编号：国审薯 2001004。选育单位：江苏省农业科学院粮食作物研究所。2000 年经江苏省农作物品种审定委员会审定。

品种特性 顶叶、叶脉绿色，叶片心脏形，叶和茎绿色。中长蔓，茎直径 0.67 厘米左右，分枝 5～7 个。薯块下膨纺锤形，薯皮红色，薯肉白色。单株结薯数 3～4 个，结薯整齐，结薯早，商品薯率高。高抗根腐病，抗茎线虫病，中抗黑斑病，耐干旱性强。属粮、饲、工业原料兼用型甘薯品种。干物率 26.31%，淀粉率 16.55%。薯块粗蛋白质含量 6.88%，茎叶粗蛋白质含量 14.1%。

产量表现 1998～1999 年参加国家北方甘薯品种区域试验，鲜薯、薯干平均每 667 平方米产量分别为 2 306 千克和 613.7 千克，分别比对照徐薯 18 增产 25.8%和 10.9%，增产均达极显著。2000 年生产试验，鲜薯、薯干平均每 667 平方米产量分别为 2 360 千克和 617.3 千克，分别比对照徐薯 18 增产 33.1%和 21.3%。

栽培技术要点 第一，每 667 平方米春薯栽插 3 300～3 500 株，夏薯栽插 3 500～3 800 株。第二，施足基肥，氮、磷、钾配比以 2∶1∶2 为宜。第三，田间开好排水沟，做到三沟配套，降低田间水位，以防渍害，栽前使用除草剂防草害。第四，种薯田每 667 平方米栽插 3 500～3 800 株，以夏薯留种为好。种薯田应进行去杂，进行单株选择或混合选择留种，以防止种性退化。适时收获，种薯宜用多菌灵或甲基托布津处理，防止贮藏期烂种。及时进窖，防止种薯受冻。

适宜在北方春、夏薯区种植。

15. 豫薯 10 号(红心王)

早熟高产，加工兼蔬菜用型品种。

品种来源 原系号商 52-7，是商丘地区农业科学研究所以红旗 4 号为母本、19-5 为父本，经有性杂交选育而成的。1996 年 4 月经河南省农作物品种审定委员会审定命名。

品种特性 茎叶为绿色，叶形为戟形或长三角形，蔓分枝多，株型为半丛生形，分枝短细、分散生长，适于密植和间套作。薯块纺锤形至圆筒形。皮红色且光滑，肉浅橘红色。结薯集中，大薯率高，萌芽性好。

品种优点 一是高产。鲜薯平均产量，夏薯每 667 平方米产 4 000 千克以上，春薯产量达 6 000 千克以上，鲜薯产量比徐薯 18 增产达 1 倍左右。二是早熟。栽后 80 天，平均每 667 平方米产量可达 3 000 千克以上，且每年能栽两季。即第一季为 4 月中旬至 7 月下旬，第二季为 7 月下旬至 10 月下旬。第一季鲜薯早上市，第二季留种。三是高抗根腐病、抗茎线虫病。四是适宜油炸薯片加工兼蔬菜用。五是蔓短(1 米左右)，适宜间套作。

品种缺点 烘干率低(15%～20%)，不适宜淀粉加工，熟食味淡，品质较差。

栽培技术要点 每667平方米底施腐熟好的有机肥2 000千克及氮、磷、钾复混肥(10-10-10)30～40千克。造墒后起垄覆膜，春薯垄距75～80厘米，垄高25厘米，每667平方米栽3 500～4 000株。夏薯垄距70～75厘米，垄高20厘米，每667平方米栽4 000～4 500株，秧苗自春薯枝条上采。秧苗在垄顶栽植，栽深3～5厘米，秧苗采用船底形栽插，浇2次水，覆土后压膜，地上露3～4叶。秧苗甩蔓封垄前，防止垄间杂草和干旱。后期防止积水烂薯。红心王对病虫抗性强，除特别环境条件外，不需施药防治。

主要参考文献

袁宝忠. 甘薯栽培技术. 北京:金盾出版社

尹秀波,韩冰等. 甘薯优质高产栽培新技术. 北京:中国农业出版社

毛志善等. 甘薯优质高产栽培与加工. 北京:中国农业出版社